农村社区防灾减灾手册

NONGCUNSHEQUFANGZAIJIANZAISHOUCE

主编◎防灾减灾编写组

U0317758

首都师范大学出版社
CAPITAL NORMAL UNIVERSITY PRESS

图书在版编目(CIP)数据

农村社区防灾减灾手册 / 防灾减灾编写组主编. —北京：
首都师范大学出版社,2015.6

ISBN 978-7-5656-2430-8

Ⅰ.①农… Ⅱ.①防… Ⅲ.①农村社区-灾害防治-手册
Ⅳ.①X4-62

中国版本图书馆 CIP 数据核字(2015)第 145169 号

农村社区防灾减灾手册
NONG CUN SHE QU FANG ZAI JIAN ZAI SHOU CE

主编　防灾减灾编写组

责任编辑　赵自然
封面设计　刘银霜
首都师范大学出版社出版发行

地　　址　北京西三环北路 105 号
邮　　编　100048
电　　话　010-68418523(总编室)　68982468(发行部)
网　　址　www.cnupn.com.cn
印　　刷　湘潭市风帆印务有限公司
版　　次　2015 年 6 月第 1 版
印　　次　2015 年 6 月第 1 次印刷
开　　本　787 毫米×1092 毫米　1/16
印　　张　5.5
字　　数　88 千
定　　价　16.00 元

序 言

灾害与人类如影随形，进入二十一世纪，全球频发的各类灾害给人类社会造成了巨大的生命和财产损失，如何有效防范灾害风险、减轻灾害损失已经成为各国面临的共同挑战。我国是世界上自然灾害最严重的国家之一，灾害种类多、分布地域广、发生频率高、造成损失重。伴随着全球气候变化和经济快速发展，我国城市化进程急剧加快，资源、环境和生态压力进一步加剧，自然灾害、事故灾难、公共卫生事件和社会安全事件等各类突发事件时有发生，各类灾害风险交织聚集，减轻灾害风险、减少灾害损失面临的任务迫切而艰巨。

党和政府高度重视防灾减灾工作，组织实施了"十一五"和"十二五"国家综合防灾减灾规划，把防灾减灾作为政府社会管理和公共服务的重要组成部分。党的十八大和十八届三中全会，进一步明确提出要"加强防灾减灾体系建设"，"健全防灾减灾救灾体制"。开展防灾减灾宣传教育是提升公众防灾减灾意识、加强国家综合防灾减灾能力的重要手段。所以，我们组织相关专家编写了防灾减灾系列图书，旨在通过开发防灾减灾科普读物，以及组织防灾减灾教育培训和应急演练，提高公众的防灾减灾意识和避险自救技能，进一步提升国家综合防灾减灾软实力。

防灾减灾科普读物包括《家庭防灾减灾手册》《城市社区防灾减灾手册》《农村社区防灾减灾手册》《中学防灾减灾手册》和《小学防灾减灾手册》五本图书。《家庭防灾减灾手册》面向社会的基本单元家庭，着力梳理家庭面临的灾害风险，引导家庭树立防范意识，开展隐患排查，着手防灾准备，进行风险防范。《城市社区防灾减灾手册》和《农村社区防灾减灾手册》面对城乡社区的防灾减灾管理人员，定位于社区防灾减灾工作的组织开展，针对城乡社区不同灾害风险和防范技能，以"全国综合减灾示范社区"建设为标准，务实描述社区在防灾减灾多项重要环节需要开展的工作，以期

1

提升全国七十多万个城乡社区的灾害防范和应对能力；《中学防灾减灾手册》和《小学防灾减灾手册》针对中小学学生成长特点和现实环境中面临的灾害风险程度，全面梳理学校、教师、学生在校园防灾减灾中应当扮演的角色，重点阐述了学校开展防灾减灾的要求、老师在防灾减灾中的责任、学生需要掌握的防灾减灾知识和基本避险自救技能。

上述五本手册针对不同的读者群体、不同的灾害风险、不同的知识点要求，广泛吸收国际上先进的防灾减灾理念，力求结合国情实际，帮助学习了解风险和灾害、学会与风险共存、掌握减轻灾害风险技能，全面提高减灾素养。在章节内容的编写方面，强调最突出的灾害种类，以案例分析、专业知识讲解、专家核心提示的方式展开，力求突出减灾重点。在知识点的讲解方面，力求阐述科学简洁的操作方法，不过多延伸到专业知识领域，力求体现针对性和可操作性的统一。五本手册各有侧重，相互衔接，力求图文并茂、通俗易懂，有较强的可读性。

为了编好五本手册，我们专门组织了国内防灾减灾领域的专家、教育学专家、社会学专家等进行认真编写。开发科普读物是一项挑战性的工作，在浩如烟海的知识文献中，如何把握需求、筛选内容、科学呈现都对编者提出了很高的要求，由于编写时间紧、编者知识素养所限，不足之处在所难免，希望各方在使用过程中多提宝贵意见，以便我们不断改进完善。

期望编写的五本防灾减灾手册能为增强社会公众防灾减灾意识、提高自救互救能力做出贡献。

目 录

第一章

农村社区防灾减灾形势与任务

第一节　我们与风险共存

一、当前农村社区灾害形势

灾害是指对生命财产安全和赖以生存的环境造成破坏性影响的事件的总称。包括一切对自然生态环境、人类社会的物质和精神文明建设，尤其是对人们的生命财产等造成危害的天然事件和社会事件。如地震、火山喷发、风灾、火灾、水灾、旱灾、雹灾、雪灾、泥石流、疫病等。

当然，灾害发生的过程往往是很复杂的。有时候一种灾害可以由几种致灾因子共同引起，或者一种致灾因子会同时引起几种不同的灾害。这时，灾害类型的确定就要根据其主导作用的灾害因子和其主要表现形式而定了。

纵观人类的历史可以看出，灾害发生的原因主要有两个：一是自然变异，二是人为影响。因此，通常把以自然变异为主因的灾害称之为自然灾害，如地震、风暴潮等；将以人为影响为主因的灾害称之为人为灾害，如人为引起的火灾和交通事故等。

我国是世界上自然灾害最为严重的国家之一，灾害种类多、分布地域广、发生频率高、造成损失重。伴随着全球气候变化以及经济快速发展和城市化进程不断加快，我国的资源、环境和生态压力加剧，各类灾害防范应对形势更加严峻复杂。

农村社区可能面临的灾害有地震、滑坡、泥石流、崩塌、暴雨、山洪、雷电、风暴潮、雪灾、冰雹、龙卷风、大风、沙尘暴、高温、干旱、农作物病虫害、火灾、食物中毒、煤电气事故、交通事故、环境污染事故、危险化学品事故及踩踏事故等。频繁发生的灾害已经成为影响农民安全、农业增产、农村稳定的大患。

河南省农村成雷电灾害重灾区

据报道，2010年雷电灾害共造成河南省10人死亡，各项经济损失超过270万元。从相关灾情统计来看，农村地区成为雷电灾害的重灾区。为此，河南省有关部门特别提醒群众增强防范意识。

1

每年春季，河南省即面临严峻的雷电灾害形势。"七下八上"的主汛期到来后，更是进入了雷电高发期。据不完全统计，2010年8月河南省气象台发布雷电预警信号超过50条。从8月19日至21日，短短的两天时间内，河南省共发布各类雷电预警信号多达9次。

河南省防雷中心有关人士介绍，随着经济社会的快速发展，新技术的广泛应用，高度集成化的电子设备因其耐过电压、过电流的能力极为低下，遭受雷电灾害的频率越来越高。由此造成近年来省内多个城市发生因雷击造成电力、通信中断、设备损坏的事故，相关损失也呈逐年上升趋势。此外，近年来的灾情统计还显示，农村已成为雷电灾害发生频度高、影响范围大、受灾程度严重的区域。到目前为止，河南省因雷击造成的人员伤亡大部分发生在农村。

能力拓展

想一想，做一做

想一想你们当地社区，灾害多发吗？有哪些灾害类型？你们平时是怎么应对这些灾害的？

二、农村社区灾害的主要特点

农村社区灾害是农村各种社会问题和自然环境矛盾积聚、激化后的社会形态表现。我国历来是自然灾害多发地区，随着人口的增长和经济发展对于资源需求的增加，人地矛盾将继续加剧。另外，随着战略性资源约束的日益强化，森林和草地资源将继续呈下降之势。水土流失、土地沙漠化、水质污染等问题日益突出，加大了自然灾害的发生概率和严重程度。其中，村镇建设受到的自然灾害威胁尤其严重。由于我国农村地域十分广阔，农民居住分散，农业生产受自然条件影响较大，大部分地区生产力水平较低，科技、教育、卫生的整体水平还比较落后。因此，农村社区灾害具有明显不同于城市社区灾害的特点。总体来看，农村社区灾害具有如下主要特点：

（一）紧急性

农村社区灾害发生后，必须在有限的信息资源和时间条件下做出"满意的"处置方案，迅速地从常态转向非常态。再者，灾害发生前的征兆往往不是很明显，人们难以做出准确预测，也难以在短时间内形成应对方案。事件发生后可能会造成比较严重的物质损失和负面影响。即灾害发生后果无可挽回，必须立即采取紧急措施加以处置并控制事态进一步扩大，否则将会造成更大的危害和损失。如地震、泥石流等发生后可能已造成人员或财产的损失，如不能立即采取紧急措施，人员或财产的损失将会不断扩大。因此灾害事件发生后，必须迅速采取措施，建立应急方案，尽量减轻农村居民的损失。

（二）突发性

在农村，一些灾害事件在发生前无征兆、发生时突如其来。无论灾害的规模或性质如何，突发性始终是应急管理中最大的挑战。农村社区灾害发生的时间、形态和后果往往无规则，突然发生而难以准确预测。许多灾害和风险，如各种安全生产事故、森林火灾等，人们还难以准确预见其在什么时候、在什么地方，以什么样的形式发生；有些自然灾害和风险，如地震、台风、旱灾、水灾等虽能做出一定的预报，但对这些灾害风险发生的具体形式及其发展态势及所造成的影响或后果，还难以完全准确预见。社会秩序型灾害的发生更是如此。

对于这些灾害事件的发生，如果没有很好的应对突发灾害事件的预案，人们没有受过应对突发事件的宣传教育或专门的训练，那么大多数人都会极度恐慌、束手无策，不知该如何决策或行动。因此，做好应对各类突发事件的应急预案来避免和防范突发事件的发生，并积极开展应对突发事件的宣传教育工作，保证事发前后政府、媒体与群众间的信息畅通，则可以减少突发事件给社会或个人带来的各种损失。

（三）不确定性

所谓不确定性，是指人们不可能或无法对问题进行客观分析的情形。农村灾害事件的影响后果难以确定，其实质在于事件信息的缺失，现实中的不可预见性导致了信息的不可靠或不完备，无法提供决策所需的基础。农村灾害事件是突然发生的，无章可循，演变迅速，其发生过程极其不确定。面对具有不确定性特征的农村社区灾害事件，人们的行为在很大程度上依赖于他们对自己的信念的置信度。也就是说，在不确定情形下，人们只能对问题给出主观分析并赋予这种分析一定的主观概率。他们依据的主要是自己的个人主观经验。然而，人们能否正确预见事物的未来，则是完全依赖于洞察力、敏感性、专业知识掌握和对科学知识的运用能力。而这些，在广大农村恰恰是非常缺乏的。这就使得农村灾害事件的不确定性特征尤为明显。

（四）危害性

灾害事件的发生威胁到公众的生命财产、社会秩序和公共安全。无论是自然灾害还是其他类型的灾难，它们往往涉及一个地区或者几个地区。另一类灾害可能仅仅在某一个较小地区内发生，比如环境污染事故，但就其后果所涉及的人数规模来讲仍会很大。还有一些紧急事件，虽然影响人数不多，影响的地区也会很大。如2003年发生SARS，在农村所涉及人数并不多，但它威胁到全社会的公共安全，其后果造成的影响是全球性的。

发生在我国农村的突发灾害性事件的后果更是非常严重，不仅会造成人员的伤亡、经济上的损失，还会造成人群心理上的恐慌和社会的动荡，更为深重的则是对人们内心深处和整个社会的长期影响。遇难者的家属会长时间沉浸于悲痛之中，受伤人群及其家属则会长时间地被恐惧包围，甚至会对社会、对政府产生一种不信任感，从而导致社会的动荡不安。国家每年则要花费大量的资金用于灾害防范和灾害救援。因此，其带来的危害性十分重大。

（五）扩散性

在农村，灾害发生以后，人们往往不知所措，对灾害的后果缺乏预见性。农村灾害事件的后果及影响之所以会扩散，一定程度上就是因为灾害的开端无法用常规性规则进行判断，而且其后的衍生可能涉及的影响是没有经验性知识可供指导的，一切似乎都在瞬息万变之中，很难预计它可能带来的严重后果，并且极可能发生连锁反应。同时，由于信息时代的发展，事物之间的联系愈发呈现多元和共时的特征，资源的有限性也会导致事实上顾此失彼，形成"连带反应"，把灾害的影响扩大。典型的例子就是 2003 年 11 月爆发的高致病性禽流感，在短短两个多月时间波及东亚十几个国家和地区。我国自 2004 年 1 月 26 日首次报告湖北武穴、湖南武冈出现疑似禽流感之后，一个月内波及全国十几个省（市、自治区）。尽管各级政府采取了多种有力手段控制禽流感蔓延，但仍然难抵疫情扩散。禽流感对农村群众的进一步影响，是随后而来欧盟、日本等国对我国畜禽产品的禁止进口，对当年农民收入造成重大损失。

（六）社会性

与通常意义上的灾害事件一样，农村灾害事件也可以是发生在公共领域内的，其产生的影响不仅在于其本身所造成的现实损害，而且也会对一个社会系统的基本价值和行为准则架构带来很大的影响，其影响和涉及的主体具有社会性。就如 2008 年 5 月 12 日发生的汶川地震，不仅对受灾地区的群众造成身体上的伤害，也给社会群众造成重大心理伤害。面对死亡，大多数人都会产生一种恐惧感，面对亲人离别，大多数人都会陷入悲痛之中，使整个社会陷入恐慌。另一方面，灾难可以提升民族凝聚力，使人们认识到合作的必要性和重要性；还可以激发人们的仁爱之心。

能力拓展

想一想，做一做

想一想，根据所在社区灾害特点，你们有更好的灾害应对策略吗？如果有，可以把它宣传给当地社区居民，也可以和社区居民共同探讨应对策略。

第二节　防灾减灾

一、防灾减灾的涵义

目前，国家倡导的防灾减灾工作要统筹考虑各类自然灾害和减灾工作的各个方面，充分利用各地区、各部门、各行业减灾资源，综合运用行政、法律、科技、市场等多种手段，建立健全综合减灾管理体制和运行机制，着力加强灾害监测预警、防灾备灾、应急处置、灾害救助、恢复重建等能力建设，扎实推进减灾工作由减轻灾害损失向减轻灾害风险转变，全面提高综合减灾能力和风险管理水平，切实保障人民群众生命财产安全，促进经济社会全面协调可持续发展。

对农村社区和居民而言，防灾减灾是指针对社区可能发生的各种灾害，了解其发生原因和影响、后果，事先做好预防和准备，掌握防灾避灾和自救互救的技能，灾害发生时采取科学有效的措施，最大程度降低灾害的损失和影响。

我国政府在《国家综合减灾"十一五"规划》等文件中明确提出，"十一五"期间（2006—2010 年）及中长期国家综合减灾战略目标，即建立比较完善的减灾工作管理体制和运行机制，灾害监测预警、防灾备灾、应急处置、灾害救助、恢复重建能力大幅提升，公民减灾意识和技能显著增强，人员伤亡和自然灾害造成的直接经济损失明显减少。

二、农村社区防灾减灾措施

社区作为人民群众生活起居的场所，在自然灾害危机管理中处于基础性的关键地位，具有重要的应急职责和防灾减灾功能。2008 年汶川特大地震后，党中央国务院进一步高度重视防灾减灾工作，胡锦涛总书记指出"要将防灾减灾工作作为关系经济社会发展全局的一项重大工作进一步抓紧抓好"。2009 年，国务院将每年的 5 月 12 日定为全国"防灾减灾日"。国家减灾委、民政部高度重视社区减灾工作，将第二个全国"防灾减灾日"活动主题定为"减灾从社区做起"。

扎实开展社区防灾减灾工作，是深入贯彻落实科学发展观，坚持以人为本理念和"以防为主，防、抗、救相结合"的救灾工作方针的具体体现。作为重要社会基层组织形式的社区，人口和财产密集程度高，是人民群众生活的物质载体。在社区中，人们活动频繁，出现各类灾害的风险较高，灾害造成的破坏性和社会影响大。切实做好社区的防灾减灾工作是实现人类与生存环境和谐共处的重要内容，也是关爱我们自身生命财产安全的题中之义。

按照防灾减灾工作的指导思想，我国主要从以下几个方面加强防灾减灾工作：

加强自然灾害风险隐患和信息管理能力建设；

加强自然灾害监测预警预报能力建设；

加强自然灾害综合防范防御能力建设；

加强国家自然灾害应急救援能力建设；

加强巨灾综合应对能力建设；

加强城乡社区减灾能力建设；

加强减灾科技支撑能力建设；

加强减灾科普宣传教育能力建设。

加强社区防灾减灾能力建设是提升我国综合减灾能力的重要措施之一。农村社区的防灾减灾措施主要包括：

（一）健全社区灾害应急管理工作体系

在社区党组织和村民委员会的主导下，逐步建立健全负责社区减灾工作的组织，制定规范的减灾工作制度，组织减灾志愿者队伍，制定突发灾害发生时保护儿童、老年人、病患者、残疾人等弱势群体的对策，建立起有效的减灾工作机制。

（二）完善社区灾害应急救助预案并定期演练

根据《国家突发公共事件总体应急预案》《国家自然灾害救助应急预案》以及地方政府制定的应急预案，结合社区所在区域环境、灾害发生规律和社区居民特点，指导社区制订社区灾害应急救助预案，明确应急工作程序、管理职责和协调联动机制。社区在有关部门的支持、配合下，经常组织社区居民开展形式多样的预案演练活动。

（三）完善社区减灾基础设施

社区利用其他空地建立应急避难场所，设置明显的安全应急标识或指示牌，建立减灾宣传教育场所（社区减灾教室、社区图书室、老年人活动室）及设施（宣传栏、宣传橱窗等），配备必需的消防、安全和应对灾害的器材或救生设施工具，使减灾公共设施和装备得到健全和完善。在人员较集中的场所和地段，划定紧急疏散通道；保持避难场地和紧急疏散通道的完好，不得侵占作别用。

（四）组织社区开展减灾宣传教育活动

社区结合人文、地域等特点，定期开展形式多样的社区居民减灾教育活动，在社区宣传教育场所经常张贴减灾宣传材料，制订结合社区实际情况的减灾教育计划，提高社区居民的防灾减灾意识和社区综合减灾能力。

图 1-1　农村防灾减灾教育挂图

（五）做好个人和家庭防灾准备

结合社区的实际情况和面临的主要灾害风险，针对家庭成员、住宅、环境的具体情况，在社区组织机构的指导下，制定多种紧急避险方案，编列紧急情况下携带物品清单，储备必要的灭火设备、逃生工具、对外联络工具等应急设备。社区居民应当主动了解社区和身边的主要灾害类型及其产生原因、产生时的预兆和自救方法，主动参加社区举办的各种防灾减灾宣传教育活动和演练，掌握避灾自救互救的知识和技能，知晓防灾减灾相关的法律政策，掌握向外界求助的方法与途径，同时要做好家庭防灾计划，准备有必要的防灾减灾设施和物资。

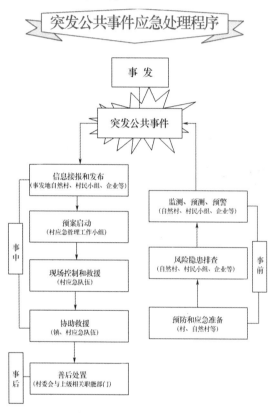

图 1-2 某村突发公共事件应急处理程序示例

第二章

农村社区主要灾害及其应对

随着经济的发展，农村有了翻天覆地的变化，出现了一批社会主义新农村典范。但农村社区灾害管理及应对措施却与之不相匹配。加强灾害预防与应急处理的能力培养，增强农村人口安全素质，改善农村安全保障体系，是新农村发展的坚实保障。

农村社区和居民可能面临的灾害有地震、滑坡、泥石流、崩塌、暴雨、山洪、雷电、风暴潮、雪灾、冰雹、龙卷风、大风、沙尘暴、高温、干旱、农作物病虫害；火灾、食物中毒、煤电气事故、交通事故；传染病、环境污染事故及踩踏事故等。

第一节 火 灾

近年来，农村企业如雨后春笋般相继建立，农民家中电器化的设备也越来越多，伴随而来的就是巨大的安全隐患。农村防火作为农村安全的重点工作，必须得到重视。认真落实"政府统一领导、部门依法监管、单位全面负责、公民积极参与"的消防工作原则，加强《中华人民共和国消防法》的学习，推动农村消防安全管理的建立，有效提升社会火灾防控水平，确保农村地区火灾形势稳定。在具体工作中，应积极建立相关组织，使消防工作走进基层，明显改善农村消防安全现状，有效遏制重特大火灾事故的发生，保障农民生产生活的稳定与安全。

一、火灾逃生、救援技巧

（一）火灾逃生技巧

1. 火灾报警

报火警首先应明确报警的对象。一般个人发现意外火情时应第一时间向公安消防队报警或者向地方义务消防队报警，并及时向受火灾威胁的人员发出警报。村干部发现或接到火情报告后应第一时间利用通讯手段向受火灾威胁的人员发出警报，以便他们尽快做好疏散准备尽快疏散。

火灾报警流程如下：

报警	·119 ·场所自动报警 ·应急广播系统
地址	·火灾发生地址 ·街道名称、门牌号码、靠近何处、附近有无明显标志
起火事件	·起火事件
场所和部位	·场所和部位
燃烧物	·燃烧物的性质
火灾类型	·固体物质火灾、液体及可融化固体火灾、气体火灾 ·金属火灾、带电火灾、烹饪器具内的烹饪物火灾
火势大小	·火势大小
被困人员	·被困人员
爆炸物	·有无爆炸物或毒气泄漏
报警人信息	·姓名、性别、年龄、单位、联系电话号码等

图 2-1　火灾报警流程图

2. 火场逃生

在农村地区如何在火场疏散逃生，取决于个人掌握的自救知识和自救能力。

能力拓展

练一练：请列出你知道的自救知识。

例如：火灾袭来时要迅速逃生，不要贪恋财物。遇火灾不可乘坐电梯，要向安全出口方向逃生。受到火势威胁时，要当机立断披上浸湿的衣服、被褥等向安全出口方向冲出去。遇浓烟时，要尽量使身体贴近地面，并用湿毛巾捂住口鼻。身上着火时，千万不要奔跑，可就地打滚或用厚重的衣物压住火苗。发现门发烫时，千万不要开门，要用浸湿的被褥、衣物等堵住门窗缝隙，并泼水降温。若所有逃生路线被火封锁，要立即退回室内用挥舞衣物、呼叫等方式向窗外发送求救信号，等待救援。

（二）火灾救援技巧

1. 疏散常识

某村火灾疏散常识宣传单

在陌生场所要先熟悉周边环境，暗记出口以及应急逃生通道。

主动寻找通道出口，有序疏散，保障通道畅通无阻。

在发现小火或他人身上起火时要主动扑灭小火，惠及他人。

在人多的场所要保持镇静，明辨方向，迅速撤离。

火灾发生时不要因为一时贪念或爱惜财务而闯入火场或二次进入危险区域。

如有条件应做简易防护，用湿毛巾蒙住口鼻，遇到浓烟时尽量匍匐前进。

善用消防通道，严禁在火场中乘坐电梯。

在低层住户如被困屋内可利用现有资源滑绳自救。

遇到连片大火时，逃出火场后应根据指导在避难场所固守待援。

被困屋顶或屋内应尽量用明显的方式呼救。

2. 火灾救援

（1）指导思想。

火灾救援首先应当正确处理好火势控制与救人的内在关系。救人与灭火，作为灭火救援行动的两大任务，是一次火灾扑救过程中不可分割的两个环节，因此，火场指挥员在坚持救人第一原则，积极组织力量抢救受困及受伤人员的同时，应客观分析火场条件、火势发展趋势和到场力量灭火救人的最大能力，正确做出战斗决心，应用灭火战术方法，合理分配灭火力量，以确保被困人员安全，并最大限度地减少财产损失。

（2）救援方法。

①了解掌握火场情况。

图 2-2　火灾疏散演练图

10

农村发生火灾时了解和掌握这些情况能对救人起到至关重要的作用，因此掌握火灾现场情况非常重要，同时对火情的不确定很有可能引发更大的危害。因此，在火灾发生时要掌握被困人员多少、地点、危险情况、火势大小、着火物品、危险程度等情况。消防部队及消防志愿队、村干部到场后，必须及时组织人员对火场进行迅速、全面、细致的火场侦察。主要内容是查明受困人员的数量及状况；查明受困人员的位置及救生通道；查明人员受困的原因，火势蔓延的范围及进一步扩大的途径；查明是否存在除火势和热烟气外，其他威胁受困人员安全的因素，如爆炸品、有毒物质、建筑物倒塌等。

②合理选择救人方法和途径。

救人方法和途径的选择是否正确，直接影响到能否及时、成功地抢救受火势围困的人员。指挥员在根据火场情况选择救人的方法和途径时，不仅要考虑救人行动的及时性和所采用方法的可行性，更重要的是应考虑所采用方法的安全性和救人的速度情况，尤其是在受困人员多的火场时。

对于农村地区的基础设施薄弱，灵活运用各种救人方法尤为重要。现代农村火灾不仅救人任务重，而且火场情况复杂，影响人员逃生的因素多，救人时间紧迫。因此，指挥员在火场救人的组织指挥中，一方面要充分利用各种固定消防设施，以及时疏散和抢救被困人员；另一方面要审时度势，视火场情况灵活选择各种救人方法和途径，如使用木楼梯的建筑发生火灾，相对而言架设消防梯救人即为有效、安全的方法和途径。其次要及时开展现场简易救护，并抓紧输转到场的医疗卫生机构，尽最大可能救治人命。

综上所述，火灾现场必须掌握救人的要点，严格按照救人的方法、程序和要求进行，另外还要掌握救人的注意事项，只有这样，才能达到顺利地将被困人员救出的目的。

（3）灭火方法。

表 2-1　灭火方法表

措施	原理	措施举例
控制可燃物	破坏燃烧爆炸的基础	1. 限制可燃物储运量； 2. 用不燃或难燃材料替代可燃材料； 3. 加强通风，降低可燃气体或蒸汽、粉尘在空间的浓度； 4. 用阻燃剂对可燃材料进行阻燃处理，以提高防火性能； 5. 及时清除洒漏地面的易燃、可燃物质等。

措施	原理	措施举例
隔绝空气	破坏燃烧爆炸的助燃条件	1. 充惰性气体保护生产或储运有爆炸危险物品的容器、设备等； 2. 密闭有可燃介质的容器、设备； 3. 采用隔绝空气等特殊方法储运有燃烧爆炸危险的物质； 4. 隔离与酸、碱、氧化剂等接触能够燃烧爆炸的可燃物或还原剂。
消除引火源	破坏燃烧的激发能源	1. 消除和控制明火火源； 2. 安装避雷、接地设施，防止雷击、电击； 3. 防止撞击火星儿或摩擦生热； 4. 防止日光照射或聚光作用； 5. 防止和控制高温物。
阻止火势蔓延	不使新的燃烧条件形成	1. 在建筑之间留足防火间距； 2. 在气体管道上安装阻火器、安全水封； 3. 有压力的容器设备，安装防爆膜（片）、安全阀； 4. 在能形成爆炸介质的场所，设置泄压门窗、轻质屋盖等。

图 2-3　防火器材

二、森林、草原火灾预防与应对

（一）森林、草原防火规划

　　农村林业主管部门根据全国森林防火规划，结合本地实际，编制本行政区域的森林防火规划，报本级人民政府批准后组织实施。应当按照森林防火规划，加强森林防火基础设施建设，储备必要的森林防火物资，根据实际需要整合、完善森林防火指挥信息系统。根据森林防火实际需要，充分利用卫星遥感技术和现有军用、民用航空基础设施，建立相关单位参与的航空护林协作机制，完善航空护林基础设施，并保障航空护林所需经费。

（二）防火组织及队伍建设

农村个人或集体林业企业、事业单位应当根据实际需要，成立森林火灾专业扑救队伍；县级以上地方人民政府应当指导森林经营单位和林区的居民委员会、村民委员会、企业、事业单位建立森林火灾群众扑救队伍。专业的和群众的火灾扑救队伍应当定期进行培训和演练。

（三）建设防火灾基础设施

对于森林草原防火设施，各村根据实际情况按需求配备有关的防火灭火设施。设立固定的取水地点。保障救灾水源的充分，严禁任何个人盗用损坏防火基础设施。

（四）地区的防火物资配备

森林草原防火期内，禁止在森林防火区用火。因防治病虫鼠害、冻害等特殊情况确需野外用火的，应当经村委会批准，并按照要求采取防火措施，严防失火。森林、林木、林地的经营单位应当设置森林防火警示宣传标志，并对进入其经营范围的人员进行森林防火安全宣传。进入森林防火区的各种机动车辆应当按照规定安装防火装置，配备灭火器材。

（五）火灾的应急响应系统

能力拓展

根据本村 | 社区制定一套应急响应系统。

组织机构及其职责	应急反应组织机构、参加单位、人员及其作用；应急反应总负责人，以及每一具体行动的负责人；本区域以外能提供援助的有关机构；政府和企业在事故应急中各自的职责。
危害辨识与风险评价	可能发生的事故类型、地点；事故影响范围及可能影响的人数；按所需应急反应的级别，划分事故严重度。
通告程序和报警系统	报警系统及程序；现场 24 小时的通告、报警方式（如电话、警报器等）；相互认可的通告、报警形式和内容；应急反应人员向外求援的方式；向公众报警的标准、方式、信号等。
应急设备与设施	可用于应急救援的设施，如办公室、通讯设备、应急物资等；有关部门如企业、武警、消防、卫生、防疫等部门可用的应急设备；可用的危险监测设备、个体防护装备（如呼吸器、防护服等）。

信息发布与公众教育	应急小组在应急过程中对媒体和公众的发言人；向媒体和公众发布事故应急信息的决定方法；为确保公众了解如何面对应急情况所采取的周期性宣传及提高安全意识的措施。
事故后的恢复程序	决定终止应急、恢复正常秩序的负责人；确保不会发生未授权而进入事故现场的措施；宣布应急取消、恢复正常状态的程序；连续检测受影响区域的方法；调查、记录、评估应急反应的方法。
培训与演练	对应急人员进行培训确保合格者上岗；年度培训演练计划；对应急预案的定期检查；通讯系统检测的频度和程度；进行公众通告测试的频度和程度及效果评价；对现场应急人员进行培训。
应急预案的维护	每项计划更新、维护的负责人；每年更新和修订应急预案的方法；根据演练、检测结果完善应急计划。

第二节　煤、气、电

一、煤、气、电安全常识宣传

（一）农村燃煤的常识与宣传

由于经济条件和技术水平有限，我国大部地区农村仍依靠燃煤取暖。因此农村燃煤防中毒宣传非常重要，并且一定要在入冬前进行。安全使用燃煤取暖主要有以下几点注意事项：

图 2-4　燃煤取暖注意事项图

同时农村地区冬季取暖还特别要预防一氧化碳中毒，保障夜晚睡觉要将取暖煤炉的煤炭烧尽，不要闷盖，煤炉要安装烟筒。燃气热水器或煤气、燃煤、燃油设备等不应该放置于居住的房间或通风不良处，宜经常保持室内良好通风状况。

（二）农村用气常识与宣传

安全用气首先应注意，器具安装不准擅自增加、改装、拆除燃气设施和用具。如需变动（装修），由具有相应资质的燃气安装、维修企业负责施工。燃气安装、维修企业需移动燃气计量装置及计量装置前的设施，应经燃气企业同意。其次，不准将燃气管道、阀门、流量表、燃气器具等燃气设施密封或暗室安装。如装在墙壁内、吊顶内、柜内、灶台内等。对于一些农村家庭，应入户宣传整改，做到不在安装燃气表、阀门等设施的房间内堆放杂物；不在燃气管道上悬挂杂物；不擅自开启或关闭燃气管道公共阀门，不非法使用燃气设施和偷盗、转供燃气。

图 2-5　家庭用气方法

（三）农村用电安全与宣传

农村地区用电安全涉及大功率电器设备须到供电部门申请报装扩容。选用合理的用电器具，安装电路时要选用与电线负荷相适用的保险熔丝，爱护公用电线。

二、煤、气、电安全隐患排查

农村地区煤、气、电的不当使用是造成农村火灾、煤气中毒以及电击事故的主要原因。结合地区组织的建立，设置农村煤、气、电整改小组。参考火灾隐患排查方案，对农村地区煤、气、电安全隐患进行排查整顿，建立相应的煤、气、电安全控制与整改规章。积极组建队伍，进行煤、气、电安全隐患的入户排查与宣传等工作。做到整合重大安全事故隐患管理排查的整合机制。杜绝重大事故的发生，减少农村地区不必要损失。

三、 煤、气、电事故处理

（一）煤气泄漏处理

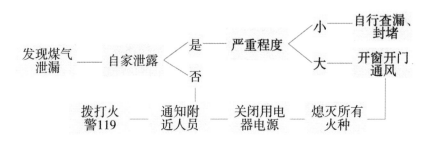

图 2-6　煤气泄漏处理图

由于在日常生活中使用的天然气中都加入了一些臭味剂，因此一旦泄漏即可闻到。当发现家中有燃气泄漏时不要慌张，立即关闭入户总阀门和炉具开关。熄灭一切火种。迅速打开门窗通风，让泄漏的燃气散发到室外。严禁开关任何电器或使用室内电话。发现邻居家燃气泄漏应敲门通知，切勿使用门铃。到室外拨打燃气公司抢修电话。如果事态严重，迅速撤离现场，并拨打火警119。

（二）一氧化碳中毒处理

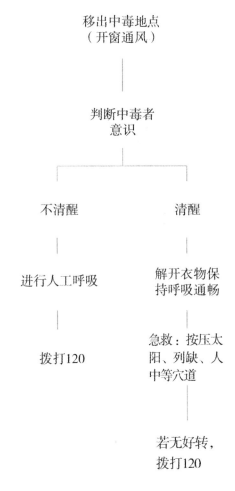

移出中毒地点
（开窗通风）

判断中毒者
意识

不清醒　　　　　清醒

进行人工呼吸　　解开衣物保
　　　　　　　　持呼吸通畅

　　　　　　　　急救：按压太
　　　　　　　　阳、列缺、人
拨打120　　　　　中等穴道

　　　　　　　　若无好转，
　　　　　　　　拨打120

图 2-7　一氧化碳中毒处理图

当发现有人一氧化碳中毒时，首先将中毒者安全地从中毒环境内抢救出来，迅速转移到清新空气中。若中毒者呼吸微弱甚至停止，立即进行人工呼吸；只要心跳还存在就有救治可能，人工呼吸应坚持 2 小时以上；如果患者曾呕吐，人工呼吸前应先消除口腔中的呕吐物。如果心跳停止，就进行心脏复苏。如果中毒者昏迷程度较深，可将 10 毫克地塞米松放在 20 毫升 20% 的葡萄糖液中缓慢静脉注射，并用冰袋放在头颅周围降温，以防止或减轻脑水肿的发生，同时转送最好有高压氧舱的医院，以便对脑水肿进行全面的有效治疗。

（三）触电事故处理

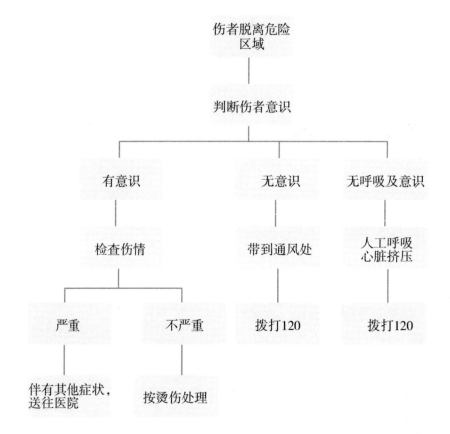

图 2-8　触电后紧急措施流程

触电急救的要点是抢救迅速，救护得法，切不可惊慌失措，束手无策。人触电以后，可能由于痉挛或失去知觉等而不能自行摆脱电源。这时迅速使触电者脱离电源是急救的第一步。而后，应迅速对其受伤情况作出简单诊断，观察一下心跳是否存在，摸一摸颈部或腹股沟处的大动脉有没有搏动，看一看瞳孔是否放大，一般可按下述情况处理。

1. 病人神态清醒，但有乏力、头昏、心慌、出冷汗、恶心、呕吐等此类症状，应使病人就地安静休息，症状严重的，小心护送医院检查治疗。

2. 病人心跳尚存，但神志昏迷，应使病人就地安静休息，保持周围空气流通，注意保暖，做好人工呼吸和心脏挤压的准备工作，并立即通知医疗部门或用担架送病人去医院抢救。

3. 如果病人处于"假死"状态，应立即对症施行人工呼吸或心脏挤压法或者两种方法同时进行抢救，并速请医生诊治或送往医院，应特别注意急救要尽早进行，不能等待医生到来，在送往医院的途中，也不能停止急救工作。

第三节　交通安全

随着农村社区道路与车辆迅速增加，维护道路交通秩序，预防和减少交通事故，保护人身安全，提高通行效率，成为农村社区交通安全管理新的主题。在工作中应当遵循依法管理、方便群众的原则，保障道路交通有序、安全、畅通，同时加强对《中华人民共和国道路交通安全法》的学习。

一、文明出行知识普及

（一）绿色出行

绿色出行就是采用对环境影响最小的出行方式，即节约能源、提高能效、减少污染、有益于健康、兼顾效率的出行方式。多乘坐公共汽车、地铁等公共交通工具，合作乘车，环保驾车，或者步行、骑自行车等。只要是能降低自己出行中的能耗和污染，就叫做绿色出行。农村社区虽然没有城市交通拥堵情况严重，但是应当倡导个人根据出行距离选择低碳环保的交通方式。

（二）道路交通设施

1. 道路交通标志

表 2-2　道路交通标志表

鸣喇叭	允许掉头	人行横道	会车先行
表示机动车行至该标志处应鸣喇叭，以提醒对向车辆驾驶人注意并减速慢行。	表示该处允许机动车掉头。	表示该处为人行横道。	表示车辆在会车时享有优先通行权利。
步行	禁止鸣喇叭	会车让行	禁止通行
表示该段道路只供步行，任何车辆不准进入。	表示禁止车辆鸣喇叭。	表示车辆会车时，应停车让对方车先行。	表示禁止一切车辆和行人通行。

禁止机动车驶入	限制轴重	限制质量	限制高度
表示禁止各类机动车驶入。	表示禁止轴重超过标志所示数值的车辆通行。	表示禁止总质量超过标志所示数值的车辆通行。	表示禁止装载高度超过标志所示数值的车辆通行。
限制宽度	减速让行		
表示禁止装载宽度超过标志所示数值的车辆通行。	表示车辆应减速让行，告示车辆驾驶人应慢行或停车，观察干道行车情况，在确保干道车辆优先，确保安全的前提下，方可进入路口。		

能力拓展

还有哪些常见的交通标志？请把它们记下来。

标志	名称	内容

2. 道路的规划与建设

村庄道路系统建设是新农村建设的重要内容之一。农村路网在规划设计方面主要根据地区群众在生产生活上对内、对外交通联系的需要，设置农村道路网及相应的道路工程物。新农村道路规划与以往农村道路规划应有所区别，需要系统地规划道路，重视人行道和基础设施规划。现有农村道路多数分布零乱，路线不规整，路面低劣，通行能力差，虽然占地很多,但仍满足不了运输和交通联系需要。因此，应在规划中根据渠路林网配套要求对农村道路改进。在建设方面，对村庄道路的建设一定要严格按照有关国家标准，杜绝偷工减料，因地制宜地进行施工。在养护管理方面，制定农村道路养护管理的原则和方针，加强道路路网维护。

（三）文明交通出行

随着经济的发展，许多家庭拥有了家用轿车、摩托车等现代交通工具。但伴随而来的一些不文明现象却损害了农村居民的形象。例如在下雨的日子里，我们经常会看到汽车飞驰冲过，水溅行人的不文明画面。其实缓速驶过有水的路面不仅出于对行人的考虑，同时也减少了汽车入水熄火的危险。宣传文明出

图 2-9　正确行车

行相关知识，不仅能在出行安全上给人以保障，同时也为我们建立宜居的新农村奠定了基础。例如车辆不占用人行道，遵守路口停止线；自行车转弯时要注意伸手示意；行人出行遵守交通规则，听从交管员、路口红绿灯指示，走人行道及斑马线，不跨越道路隔离设施；乘坐公交车时文明礼让，主动让座，忌将头、手和躯干伸出车窗外。

二、交通遇险应对要点宣传

农村交通安全宣传应充分利用各种媒体，广泛发动志愿者开展农村社区消防宣传活动，督促村干部在宣传栏上张贴消防宣传挂图，并走进农户家中为其现场示范讲解交通基础知识、车辆事故处理方法等，使村民真正了解、掌握安全出行基本常识。教育村民改变不良出行习惯。通过宣传活动，增强广大农村群众的公共交通安全法能力，为农村交通问题的预防和处置奠定坚实的基础。可采用多种形式，除了利用传统大众媒体外，还可开发新媒体，如微博、微信等。

1. 乘车遇到危险时的应对措施

乘车遇险应对流程：

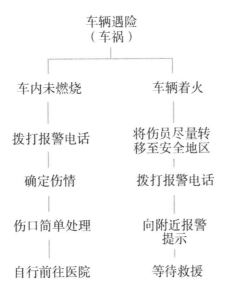

图 2-10　乘车遇险应对流程图

21

2. 驾驶农用车时遇到危险的应对措施

农用车辆安全使用常识：

表 2-3 农用车辆安全使用常识表

分类	详细内容
农用车安全操作启动	1.检查润滑油和燃油是否符合规定要求，变速杆是否置于空挡位置，冷却水是否符合规定。严禁无冷却水启动。冬季启动前应先加 70 度左右温水预热，严禁启动前大量加沸水。 2.使用汽油发动机启动时，绳索不准绕缠在手上，身后不准站人、人体应避开启动轮回转面。使用电动机启动时，每次启动工作时间不得超过 10 秒，严禁用金属件直接搭火起动。 3.主机启动后，应低速运转，观察机油压力，并检查有无漏水、漏油、漏气现象。 4.不准用牵引、溜坡方式启动拖拉机。如遇特殊情况应急使用时，牵引车与被牵引车之间必须刚性连接，保持足够的安全距离。 5.不准用明火烤车；不准载客。
农用车安全操作固定作业安全	1.发动机启动后，必须低速空运转预热，待水温升至 60 度时方可负荷作业。 2.经常观察仪表、水温、油压、充电线路工作是否正常。 3.发动机冷却水箱"开锅"时，不准打开水箱盖，不准骤加冷水，须卸掉负荷使发动机低速空转。 4.发动机停机前，应先卸去负荷，低速运转数分钟后再熄火，不准在满负荷工作时突然停机熄火。 5.检查、保养及排除故障时，必须先切断动力，熄火停机。 6.夜间作业必须保证照明效果和安全，在场间作业时应安装防火罩。

农用车安全操作 坡路上安全行驶	1.上、下坡前应选择好适当挡位，上坡途中不准换挡。 2.不准曲线行驶，不准急转弯和横坡调头，不准倒退上坡。 3.下坡时不准用空挡、熄火或分离离合器等方法滑行。 4.手扶、履带式拖拉机下坡转向或超越障碍时，要注意反向操作，防止走偏或自动转向。 5.上坡途中不准停车。必须停车时，要锁紧制动器，并采取可靠的措施防止机车倒溜。
联合收割机 安全操作	1.收割机作业前，须对道路、田间进行勘查，对危险地段和障碍物应设明显的标记。 2.对收割机进行保养、检修、排除故障时，必须切断动力并在发动机熄火后进行；在收割台下进行机械保养或检修时，须提升收割台，并用安全托架或垫块支撑稳固；夜间保养机械或加燃油时不准用明火照明。 3.卸粮时，人不准进入粮仓，不准用铁器等工具伸入粮仓，接粮人员不准把手伸进出粮口。 4.地块转移时将收割台提升到最高位置予以锁定，不准用集草箱搬运货物。
旋耕机安全操作	1.旋耕机作业，不准在起步前将刀片入土或猛放入土。 2.作业时，不准急转弯，不准倒退。转弯或倒退时，应先将旋耕机升起。地头升降，须减慢转速，不准提升过高。方向转动角度不得超过 30 度。 3.清除旋耕机上的缠草、杂物或紧固、更换犁刀时，须先切断旋耕机动力，在发动机熄火后进行。 4.手扶拖拉机在地头转弯时，应先托起手扶架，旋耕犁刀出土后，再分离转向离合器。 5.田间转移或过埂时须切断动力，将旋耕机提升到最高位置。手扶拖拉机过田埂时，驾驶员不准坐在座位上。
插秧机安全操作	1.发动机起动时，主离合器和插秧部分离合器手柄须放在分离位置。 2.地头转弯时须将工作部件动力切断，升起分插轮田埂时须将机架抬起。 3.装秧人员的手、脚不准伸进分插部位。 4.运输时须将插秧部分离合器分离，装好运输轮和地轮轮箍。 5.检查、调整、保养及排除故障，必须熄火停机进行。

想一想

还有哪些常用农用车及设备？请把它们的安全操作方法列举出来。

三、事故逃生

随着私家车主的日益增多，汽车安全性越来越受到关注。除了汽车的安全设备，驾驶者的驾驶习惯与突发事故下的处理也很重要。驾驶者不但需要提高驾驶技巧，更重要的是要时刻加强自身的安全驾驶意识。成功逃生的主要前提是首先养成正确的驾姿，背臀紧贴坐椅，做到身体与坐椅无缝隙，并且系好安全带。安全带下部应系在胯骨位置，不要系在腹部，上部则置于肩的中间，大约在锁骨位置。一定要将安全带下部拉紧，系好安全带，听到"咔嗒"声后，还应再次确认。最后在行车时头脑冷静，清晰判断。

由于与障碍物撞击，导致汽车翻车后，应采取正确的逃生方法。翻车后的逃生方法如下：

1. 熄火：这是最首要的操作。

2. 调整身体：不急于解开安全带，应先调整身姿。具体姿势是双手先撑住车顶，双脚蹬住车两边，确定身体固定，一手解开安全带，慢慢把身子放下来，再打开车门。

3. 观察：确定车外没有危险后再逃出车厢，避免汽车停在危险地带，或被旁边疾驰的车辆撞伤。

4. 逃生先后：如果前排乘坐了两个人，副驾人员应先出，因为副驾位置没有方向盘，空间较大，易出。

5. 敲碎车窗：如果车门因变形或其他原因无法打开，应考虑从车窗逃生。如果车窗是封闭状态，应尽快敲碎玻璃。由于前挡风玻璃的构造是双层玻璃间含有树脂，不易敲碎，而前后车窗则是网状构造的强化玻璃，敲碎一点儿即整块玻璃就全碎，因此应用专业锤在车窗玻璃一角的位置敲打。

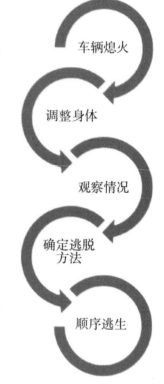

图 2-11 翻车事故逃生方法图

汽车入水后的逃生方法

汽车入水造成人员死亡的事故屡见不鲜，水中逃生自然也成为大家关注的焦点。

1. 汽车入水过程中，由于车头较沉，所以应尽量从车后座逃生；

2. 如果车门不能打开，手摇的机械式车窗可摇下后从车窗逃生；

3. 对于目前多数电动式车窗，如果入水后车窗与车门都无法打开，这时要保持头脑冷静，将面部尽量贴近车顶上部，以保证足够空气，等待水从车的缝隙中慢慢涌入，车内外的水压保持平衡后，车门即可打开逃生。

第四节　防抢、防盗、防骗、防拐卖

一、防抢、防盗、防骗、防拐卖知识宣传

（一）　防范抢劫方法

1. 防抢常识

表 2-4　防抢常识表

抢劫类型	防范常识
入室抢劫	遇到上门推销商品者，不要与其纠缠，更不要开门让其进来。有陌生人替别人代送物品，先要打个电话问明情况再开门，千万不要轻信。有人以抄表、维修等理由要进您家，在无法确定其真假时，不妨婉言谢绝，等家人回来后再说，不要轻易开门。
出行抢劫	不要随身携带贵重物品，做到财不外露。手机、现金及贵重物品放在包里，买车票、打电话时要注意身边的可疑人员。骑自行车、摩托车的人在停车时一定要将车锁好，提包随身携带，不能放在车筐或挂在把上。在楼梯内遇到陌生人时要留心，发现陌生人尾随要警惕，特别是进家门，勿与陌生人同进楼道，防止对方突然袭击；到银行取款时，要注意四周异常情况，提取现金数量较多时，最好两人同行。
尾随抢劫	在街面、偏僻小路或家门口，发现有陌生人尾随时，要沉着冷静，利用通讯工具与家人取得联系，必要时拨打"110"报警求助。尤其在进家门口时，一定要与陌生人保持一定距离，防止对方突然袭击；边走边察看行走沿线的地形地貌，留意可疑人员，随时保持戒备心理，行走过程中特别要注意与可疑陌生人或障碍物保持必要的安全距离，尽量不要孤身穿越僻静、人稀、地形复杂、照明条件不好、治安状况差的路段，确要穿越时，要前看看后看看，快速通过。
夜间抢劫	晚间行走要选择有灯火的路段，发现有人跟踪，可直接向小卖部、保安室等灯亮处走，借问路、买东西支走可疑人。如可疑人跟到楼下，不要急于打开自家房门，以免可疑人员尾随入室抢劫。应向灯亮的窗户呼喊熟人或邻居的名字，待可疑人走后再开门进入自己的房间。年轻女士晚上最好不要孤身一人在路偏人稀的道路上行走，在万不得已的情况下，可以考虑在包中装一瓶发胶，关键时自卫；对试图与自己表示亲近的陌生人，在无法确定其真实意图的情况下，不能随意接受其提供的饮料、茶水、香烟及食物等。

2. 注意事项

（1）行人防抢。

许多人习惯单肩直挎包。许多案例证明这样很不安全。歹徒趁人不备用力一拉便可得手。背挎包方式变直挎为斜挎能大大增加歹徒的作案难度。如果身体的左侧是路边，那么，背包手袋应该挎在右边。如果身体的右侧是路边，那么，背包手袋应该挎在左边。这样，如果有犯罪分子意图对你实施抢夺的话，会因为增加了逃逸难度，迫使其放弃作案想法。

村民在行走时，不要走机动车道，要走人行道，并且尽量靠内侧行走。不法分子作案时，较多使用摩托车作为工具，往往从背后蹿出，坐在车上对行人顺势抢劫。因此，如果市民有意识地往人行道内侧走，就可以大大增加歹徒作案难度。

（2）女性防抢。

女性夜间最好不要一个人单独行走。如果是经常走的街道，要记牢晚上开业的商店，附近的电话亭、派出所或治安点等，要选择有路灯设施、行人较多的路线，在中间明亮处行走，不要紧靠路边两侧而行。时刻对路边黑暗处保持戒备。等人或等车时，不要站在偏僻阴暗的街道边沿，尽可能背向墙壁面向街道。当发现有形迹可疑的摩托车、行人朝自己走来时，应立即加强戒备。

图 2-12　飞车抢夺

（3）开车防抢。

开车的司机如果遇到"碰车"团伙时，要冷静处理。"碰车"团伙一般由几人配合作案，一般先由一人开摩托车故意撞车，待司机人员下车查看原因时，另外的人快速打开副驾驶门，将司机放在车上的重要物品抢走。遇到类似情况，司机应冷静观察周围动态。不要轻易下车。发现异常，立即打电话给朋友或直接致电110报警。

（二）防范盗窃方法

1. 防盗常识

表 2-5 防盗常识表

为陌生人开门要慎重	遇有人叫门时，应先从猫眼向外观察，见到陌生人不要急于开门，可隔着防盗门问明其身份及来访目的；避免自称是推销员、抄表人员或家人朋友的陌生人进入家中；上门服务、维修等事宜尽量约定在公休日，家中人多时进行；陌生人借用家中电话时要婉言拒绝。
选购合格防盗门	好的防盗门门框的钢板厚度要在 2 毫米以上，门体厚度要在 20 毫米以上，防盗锁具必须是公安部门检测合格的，锁体周围应装有加强钢板。其次防盗门的外表应为烤漆或喷漆，手感细腻光亮，整体重量重、强度高，一般在 40 公斤以上。正规厂家生产的防盗门有公安部门的安全检测合格证书。
开空调时房门不要关严	夏天，家人一般都集中睡在有空调的房间，为了节电大都会把房门关得紧紧的，这样很可能被盗贼利用，进入没有空调的房间大肆行窃。因此，尽可能不要关严空调房间的门或留出一点儿缝隙，以便听到其他房间的动静。有条件的话在其他房间设置报警装置，警铃要设在空调房间。
家庭窗户防范法	护栏铁栅间距只有小于 16 厘米才钻不进人。其次，护栏一定要制成"井"字形，这样即使盗贼将铁护栏弄断两三根也无济于事。另外，铁护栏的材料最好选用不锈钢钢管，里面再套上一根钢筋，这样制成的护栏既美观又牢固。最重要的是不要忘记留下逃生通道，一旦发生险情便于及时逃生。
小心他人配钥匙	装修工人在装修期间偷配业主家的房门钥匙，经多次踩点后，趁主人外出之机登门行窃的案件屡有发生。为此，要请专业装修单位施工，避免混入装修队伍的不法分子入户作业。房屋装修好后及时更换门锁，防止被盗。

2.防盗方法

表2-6　农村简易防盗方法表

方法	内容	效果
暗插销	可在门的上下两端各装一个暗插销，睡前将暗插销插上。	如果门锁终被撬开，还有暗插销挡住，窃贼仍然进不来。
钉铁钉	在锁舌外侧的门框上钉一枚铁钉这预留部分凸出，并使铁钉露出木头部分的长度正好弥补木门与门框之间的空隙。	当片状物插入时，首先遇到铁钉这道屏障，这个小小的装置，既不影响门锁的正常使用，又能有效地阻止片状物插入，小偷难以得手。
斜坡木枕	将一个三角斜坡木枕顶住房门。	成本低，简单易行，盗窃分子却难以得逞。特别是有老人或孩子独自在家时，是一个不错的防范办法。
设"机关"	睡觉前可以将一块较大的木板或空酒瓶等易发出声响的物品放置到门后。	窃贼撬门入室时便会发生巨大的声响，惊醒居民，吓跑盗贼。
门框角铁	将一块角铁用螺丝钉固定在门框上。	既能防止插片，又能防踢、撞门，简单易行，效果明显。
窗户加固	护栏一定要制成"井"字形，用不锈钢钢管，里面再套上一根钢筋。	美观又牢固，盗贼将铁护栏弄断两三根也无济于事。
双锁结合	家中门、窗上再加上一把辅助锁。	一旦开锁时间超过5分钟，歹徒就会感到烦躁不安、紧张、逐渐失去信心，从而停止或放弃。

（1）提高自我防范意识。

在日常生活当中，街面犯罪的嫌疑人随时有可能在你身边出现，他们一般聚集在公交车站、商场、客运站等人流比较密集的地方，在节假日路上更为明显，自我防范意识可从自身防范和加强辨别能力两个方面提高。

自身防范方面。我们可以从财物摆放的位置去考虑，在公众场所内尽量避免财物的外露，减少被犯罪分子盯上的可能。小偷选择目标的其中一个标准是取易不取难。所以当认为难下手或者很大机会被人发现，他们也会考虑被发现的风险。所以我们在摆放的位置上可以尽量放在内衣袋里，避免放在外套上。冬天时由于衣服穿得比较多，被偷的时候感觉不大。对于喜欢用手袋的女士，可以把手袋放在靠墙的一边拉链在前。小偷习惯下手的位置：裤的前后袋、外套的两边口袋、衬衫的表袋。

可以从眼睛和着装辨别小偷。他们眼睛所关注的是人的腰间和手袋等常放财物的地方。以公交车站为例，他们会不时在车站徘徊，时刻留意在他身边经过的人的腰间，不会留意车号。有些小偷会拿一些道具来做掩饰。例如：胶袋、运动袋、雨伞、报纸等。当大家能提高自身防范意识，不让小偷有机可乘，那就可以很大程度避免了自己的财物受到侵害。

（2）案件易发地及案例。

表 2-7　案件易发地及案例表

地点	作案特点	应对措施
超市	案件主要集中在大型购物场所，发案时间不固定。	出入上述场所时，应钱包不离手。
公交车	选择对象以行动较为迟缓的老年人及女性为主。常见的扒窃手段有挤车门行窃，尾随上车行窃，覆盖物遮挡行窃等。	背包的乘客尤其是女乘客，从上车开始，要始终将背包放在身前，并用胳膊护住。
菜场	案件一般发生在上午买菜高峰期。窃贼一般会以手上提着物品，或将财物放在斜插袋里的人为目标。	准备一个小钱包，只装买菜用的钱，拿在手上。
街头	窃贼一般会以背斜挎包、双肩包的行人和骑车人为目标。	上街最好将背包放在身前，遇到人多的情况，用手护住背包的拉链；或放在车前方有盖的车篮里，包带较长的话可在车把上缠几圈。
医院	案件主要以携带包的病人及其家属为主要目标。手段主要为扒窃、溜门入室盗窃。	做好个人防护，不要携带大量现金以及贵重财物。

（三）防范诈骗方法

1. 常见骗术预防

（1）防"破财消灾"诈骗。

不要轻易相信街头陌生人的花言巧语，不要相信"破财可以消灾"的鬼话，以免给骗子可乘之机。遇到有人以"看病消灾"搭讪时，应立即与家人联系或报警，不可轻易将财物交给陌生人。这类骗子一般会先说你家人可能会有"血光之灾"，等你被吓住，心理防线被一步步攻克后，他们就会以祈福消灾的迷信手段，哄骗你拿出巨款进行所谓的"消灾解难"。一旦发现被骗，要迅速拨打 110 报警。

（2）防"意外之财"诈骗。

如果有人在你面前捡到一个钱包、一包欧元甚至金砖等等，接下来你的参与才会让骗子们的好戏接着演下去，对方会提出平分的要求，但是你需要先垫上金项链、手机或者现金。如果你此时动了贪念，那么破财的肯定是你。

因此，当有陌生人通过各种方式，主动献上某种"殷勤"或"意外之财"时，要特别留意可能面临的是一场骗局。广大群众要戒除贪念，千万别轻易相信陌生人的"惠顾"。遇到骗局，不要上当并及时报警。

（3）防易碎品诈骗。

图 2-13 上门诈骗

谁都有不小心的时候，如果你真不当心，碰碎了别人的眼镜、瓷器等易碎物品，而对方一个狮子大开口向你索要赔偿。这时你别犹豫，应该及时打电话报警，别糊里糊涂就让钱给人骗走了。因为有些不法分子趁行人经过身边时故意将自己的眼镜、瓷器类等易碎物品扔到地上，然后趁机诈骗钱财，遇到这种情况不要被其吓住，可以请路人配合及时拨打"110"报警，或者请附近的民警和保安员帮忙抓获不法分子。

2. 防骗招术

做个老实人，不贪横财。培养自己要有强烈的防骗意识。遇到突如其来的事情要学会察言观色，莫充内行，以免被骗。不贪美色，谨防中计。旅途中对陌生人提供的香烟、饮料、食品等，要婉言谢绝，防止犯罪分子的"迷魂药"。买药要走正当途径，有难言之隐，要去正规医院就医。不要到街头地摊上"测字""看相"，那些都是骗人的把戏。对街

图 2-14 防骗宣传

头向您求助或乞讨的"可怜人"，要细加识别，防止上当受骗。遭到骗子的"暗算"，一定要就近快速报案，万万不要"哑巴吃黄连"。

（四）拐卖的防范、自救与救助

1. 拐卖的防范

儿童自我安全知识清单

1. 独自在家有人敲门时，一定要问清来意，不轻易给陌生人开门。

2. 当坏人欲强行闯入，可到窗口、阳台等处高声喊叫邻居或打报警电话。

3. 外出时，遵守交通规则，尽可能结伴而行，并告诉父母目的地、回家时间和出行同伴。

4. 不乘坐非法营运车辆、无牌证车辆，不搭乘陌生人的顺路车。

5. 不受坏人利诱，不占别人的小便宜。

6. 遇到侵害时，应以保护自身生命和安全为首要原则，不要过多地顾及财物。

7. 遇险时不要硬拼，避免造成更大的损失。关键时应大声呼救，及时报警。

8. 未成年人不进入营业性歌舞厅、游戏室、录像厅和网吧。

2. 被拐卖者的自救

若在公共场合发现受骗，立即向人多的地方靠近，并大声呼救。如发现已被控制人身自由，保持镇静，设法了解买主或所处场所的真实地址(省、市、县、乡镇、村、组)及基本情况，伺机外出求援或逃走。采取写小纸条等方式向周围人暗示你的处境，请求外人帮助，设法与外界取得联系。想方设法寻找机会向公安机关报案，拨打电话、发送短信或通过网络等一切可与外界联系的方式尽快报警，说明你所在的地方、买主(雇主)姓名或联系电话。

3. 被拐卖者的救助

拐卖案件案发后的几个小时是救寻儿童的黄金时间，一旦错过，案件侦破难度极大。应在案发后的第一时间动用电视台、广播电台、电子屏幕、手机短信等公共资源和公共信息平台发布失踪儿童信息、照片和犯罪嫌疑人的有关信息，有助于在最短的时间内找到失踪儿童和提高破案率。

二、抢劫、盗窃、诈骗、拐卖事件处理

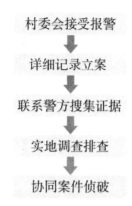

村委会接受报警

⬇

详细记录立案

⬇

联系警方搜集证据

⬇

实地调查排查

⬇

协同案件侦破

图 2-15　处理流程图

（一）盗窃事件处理

若发现窃贼正在行窃中，应首先拨打 110 并及时报告安全管理部门。发现人要有自我保护意识，不要声张，寻找防身器械。若发现人与窃贼同在一个建筑内，在可能的情况下，发现人可离开该建筑，将窃贼反锁在建筑内。

图 2-16　常见家庭报警器

发生盗窃既遂案件，发现人不要进入现场内部，按程序上报。特大盗窃案件，村委会应立即报告，并立即组织力量布控，设置警戒线，在公安部门到达之前，禁止一切人进入现场。

（二）抢劫、劫持事件处理

发生抢劫、劫持或者罪犯挟持人质外逃等重大治安案件，村委会必须及时上报上级应急指挥部，并报告 110；对有关案件信息要做好记录；此时村委会电话必须有人看守，案件情况不宜在村内传播。

（三）诈骗事件处理

发现犯罪分子利用虚假票据诈骗钱财，发现人要沉着应对，想方设法拖住犯罪嫌疑人，寻机报案，有条件的，可以将其当场抓获。对诈骗既遂的，要及时报警。

第三章

自然灾害及防御措施

第一节　雷电、暴雨和洪涝

一、防雷、暴雨、洪涝灾害知识宣传

（一）雷电危害常识

雷电是不可避免的自然灾害。地球上任何时候都有雷电活动。我国是一个雷电灾害频发的国家，农村地区受灾影响也较城市严重。雷电预警信号分为三级，危害程度从低到高分别以黄、橙、红表示。

图 3-1　防雷危险区

1. 建筑物外避雷

（1）不宜进入棚屋、岗亭等低矮建筑物。由于低矮的建筑物都没有防雷设施，并且大都处在旷野中，是开阔地面上较高的突出物，容易吸引闪电先导。

（2）不宜躲在大树下。当暴风雨来临时，一般人都会很自然地跑到大树底下去避雨。高大的树木，尤其是空旷环境中的树木，极可能成为雷电放电的通路。

（3）要远离建筑物的避雷针及其接地引下线，远离各种天线和电线杆、塔；如果处在野外无处躲避，雷雨交加时要立即蹲下，双脚并拢，双臂抱膝，头部下俯，尽可能缩小体积和触地面积，手中若持有金属物，要迅速抛至较远处。

（4）不宜在空旷地持含有金属的雨伞。

（5）减少雷电对人体存在的威胁有两种途径，一种是闪电直接击中人体，另一种是流向闪击点周围的地下闪电电流大量进入人体。

所以，除了不在大树、高压线，高压铁塔、旗杆、山脊、露天水管等明显的危险地方躲避雷击以外，还应尽量减少人体与地面的接触面积。因为人体与地面接触越多，伤害率也越大。

图 3-2　防雷正确姿势

2. 家庭住宅避雷

（1）注意住宅选址，不要在经常发生雷击的地方(雷击区)修建住宅。如湖泽等低洼地区、金属矿床地区和地下水位高的地方是比较容易遭雷击的，山坡和水田交界的地方雷电活动也比较频繁，在修建住宅时应尽量避开这些地方。

（2）房屋造型不要冒尖，因为屋顶太尖容易遭受雷击；高层建筑物(包括烟囱)等，要充分考虑设置避雷系统加以保护。

（3）住宅的窗户要安装玻璃或简易暗窗，能挡风，并防止球形闪电随风而进入住宅。

（4）注意室内电源布线。灯头、插座位置不要离床头太近；雷雨闪电时最好关闭电视机等用电设备；最好安装有自动保护功能的跳闸开关或闸刀开关，闪电时可断开电源。

（二）暴雨知识宣传

农村防御暴雨的措施主要有及时收听、收看当地天气预报，根据天气合理安排工作及生活。注意宣传墙、宣传画册等气象科普知识学习，了解暴雨灾害的自救及防范知识。平房或地势低洼地带的居民，可在大门口、屋门前放置挡水板、沙土袋等，防止雨水进入院落或屋内。居住在危险水库下游、山体易滑坡地带、低洼地带、有结构安全隐患房屋等危险区域人群应转移到安全区域。被洪水浸泡过的房屋不要马上入住，应进行安全检查后才入住。暴雨洪涝严重影响时期，暂停田间劳动，户外人员应立即到地势高的地方或山洞暂避。暴雨易引发泥石流、山洪，在沟谷内游玩时遇暴雨不要向低洼的山谷和险峻的山坡下躲避，发现泥石流、山洪来时，不要顺着山沟往下跑，要向垂直方向的两面山坡爬，离开沟道、河谷地带。

（三）洪涝知识宣传

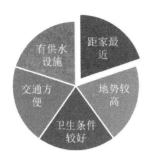

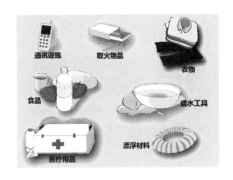

图 3-3　避难场所选择图　　　图 3-4　洪水来临前家庭物资准备

在易受洪水淹没的地区，当天气预报报有连续暴雨或大暴雨时，应随时注意水位变化，及时了解洪水的情况，采取适当措施，避免或减轻洪水的危害。衣被等御寒物放至高处保存；将不便携带的贵重物品做防水捆扎后埋入地下或置放高处，票款、首饰等物品可缝在衣物中。

图 3-5　利用漂移物转移

在洪水到达之前，最重要的是选择逃生路线和要到达的目的地，避免路线太远。遇到洪水围困，不了解水情不要涉险。如被洪水围困，可到屋顶、树上等高处避难，将木料或木质家具捆扎成救生木筏使用、放求救信号，等待援救。如有条件，要积极援救周围的被困者。

洪水发生时，要按照预定路线转移、避难，注意扶老携幼、相互帮助。如果洪水来得太快，已经无法步行转移，要使用事先备好的船只或门板、木床等漂浮物，做水上转移工具。

当洪水来得太快，大水已经进屋时，要迅速爬上屋顶、墙头或就近的大树上，暂时避难，等待救护人员转移。不能单个游水转移。

洪水过后为预防疾病流行，首先要清除积水、秽物，通风晾晒，喷洒消毒药剂，预防传染及蚊蝇滋生。服用预防药物，避免发生传染疾病。如果发生传染病例，必须进行隔离治疗。家用生活器具要清洗、消毒，湿、霉的物件要通风、晾晒。

二、雷电避险技巧

（一）灾害中的自救

在雷电多发的夏季，人们对防雷电应该高度重视，掌握一些救急救命的方法。首先是烧伤的处理，被雷电伤后如衣服等着火，应该马上躺下，就地打滚，或趴在有水的洼地、水池中，使火焰不致烧伤面部，以防呼吸道烧伤窒息死亡。救助者可往伤者身上泼水灭火，也可用厚外衣、毯子裹身灭火。伤者切记不要惊慌奔跑，这会使火越烧越旺。烧伤处可用冷水冲洗，然后用清洁的手帕等洁净的布包扎。

碰到闪电打雷时，要迅速到就近的建筑物内躲避。在野外无处躲避时，要将手表、眼镜等金属物品摘掉，找低洼处伏倒躲避。千万不要在大树下躲避，直接遭雷击的死亡率是很高的。未被雷直接击中的人，会出现如同触电一样的症状，这时应马上采取心、肺复苏术进行抢救。

（二）受伤人员的急救

雷击对人体可造成巨大的伤害，强大的雷电流使人或动物的心脏、大脑麻痹而死亡，甚至能把身体烧焦。此外，雷电流还能将局部皮肤组织烧坏，出现有灰白色的肿块和线条，称为"电的烙印"。强大的雷声还可致耳膜受伤。但是，不论何时何地发生雷电事故，只要按科学的方法分秒必争地进行抢救，都能尽量减少死亡。

遭雷击不一定致命。许多人都曾逃过大难，只感到触电和遭受轻微烧伤而已。也有人遭雷击可能导致骨折（因触电引起肌肉痉挛所致），严重烧伤和其他外伤。

雷电伤人是经常发生的，如不躲避或避雷措施不当就会遭受很大威胁。因此，我们有必要懂得防雷的具体措施及遭雷击后的抢救方法。

图 3-6　雷电

雷电伤人主要是强大的雷电电流的作用。它对人体的主要危险，往往不是灼伤。如果雷电击中头部，并且通过躯体传到地面，会使人的神经和心脏麻痹，就很可能致命。人受雷电电流冲击后，心脏不是停止跳动，就是跳动速率极不规则，发生颤动。这两种情况都使血液循环中止，造成脑神经损伤，人在几分钟内就可以死亡。遭雷击后抢救及时还是有可能复活的。有时即使感受不到受害者的呼吸和脉搏，也不一定意味着"死亡"。如能及时抢救（如人工呼吸），往往还能使"死者"恢复心跳和呼吸。此外，雷击可能使伤者的衣服着火，也可能会熔化伤者的金属饰物和表带。

如果伤者衣服着火，马上让他躺下，使火焰不致烧及面部。不然，伤者可能死于缺氧或烧伤。

如果触电者昏迷，把他安置成卧式，使他保持温暖、舒适。立即施行触电急救、人工呼吸是十分必要的。

急救第一步：脱离险境，迅速将病人转移到能避开雷电的安全地方。

急救第二步：对症治疗，根据击伤程度迅速作对症救治，同时向急救中心或医院等有关部门呼救。

对症救治时，如果患者未失去知觉，神志清醒，曾一度昏迷，心慌，四肢发麻，全身无力，应该就地休息 1~2 小时，并作严密观察；如果已失去知觉，但呼吸和心跳正常，应抬至空气清新的地方，解开衣服，用毛巾蘸冷水摩擦全身，使之发热，并迅速请医生前来诊治；如果患者无知觉，抽筋，呼吸困难，逐渐衰弱，但心脏还跳动，可采用口对口人工呼吸；如果患者已无知觉，抽筋，心脏停止跳动，仅有呼吸，可采用人工胸外心脏挤压法；如果患者呼吸、脉搏、心跳都停止，应口对口人工呼吸和人工胸外心脏挤压两种方法同时进行。

三、暴雨、洪涝来临前的准备措施

对于灾害来临前的准备措施应当依照《国家自然灾害救助应急预案》，明确救灾应急回应的工作职责，确保救灾应急工作高效、有序进行。

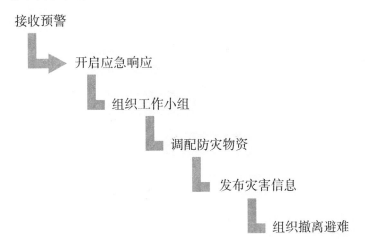

接收预警

开启应急响应

组织工作小组

调配防灾物资

发布灾害信息

组织撤离避难

图 3-7 暴雨、洪涝灾害处理流程图

1. 物资准备

（1）合理规划、建设中央和地方救灾物资储备库，完善救灾物资储备库的仓储条件、设施和功能，形成救灾物资储备网络。市级以上人民政府和自然灾害多发、易发地区的县级人民政府应当根据自然灾害特点、居民人口数量和分布等情况，按照合理布局、规模适度的原则，设立救灾物资储备库。

（2）制定救灾物资储备规划，合理确定储备品种和规模；建立健全救灾物资采购和储备制度，每年根据应对重大自然灾害的要求储备必要物资。按照实物储备和能力储备相结合的原则，建立救灾物资生产厂家名录，健全应急采购和供货机制。

（3）制定完善救灾物资质量技术标准、储备库建设和管理标准，完善全国救灾物资储备管理信息系统。建立健全救灾物资应急保障和补偿机制。建立健全救灾物资紧急调拨和运输制度。

2. 洪涝灾害来临前的安置转移

图 3-8　洪涝灾害来临前安置转移图

主要工作小组包括：

图 3-9　工作小组图

四、暴雨出行注意事项

能力拓展

行人在暴雨出行时，应该注意哪些呢？请填写下列表格。

表 3-1 行人暴雨出行注意事项表

序号	行人注意事项	具体内容
1	暴雨来临前，选择地势较高位置避雨。	暴雨来临前请找好一个安全的地方，并停留至暴雨结束为止。暴雨中的安全地方是指牢固的建筑物，地势较高的建筑物。
2	暴雨开始时，若所处地段危险报告位置。	如果暴雨已经开始，自己所处位置危险，尽可能联络家人，告知你的具体位置，以在出现突发情况时方便救援。
3	如果路面水浸时，站立安全处，勿贸然涉水。	如果路面开始水浸，请不要贸然涉水，部分井盖被掀起但行人难以察觉，宁愿停在路中淋雨也不要试图过水。
4	暴雨伴随雷电时，手机关机，扔掉带金属雨伞。	暴雨伴随雷电时，注意防雷。若正在马路上淋雨，请把手中的雨伞扔掉。此外，在室外时切勿使用手机。
5	不倚靠路灯杆，信号杆，避免与含金属物体接触。	雷雨天气出行，不要与路灯杆、信号灯杆、空调室外机、落地广告牌等金属部分接触。可选择一处地势较高的位置避雨。
6	留意周围是否有电线，保持距离，避免触电伤害。	不要靠近或在架空线和变压器下避雨，因为大风有可能将架空电线刮断，而雷击和暴雨容易引起裸线或变压器短路、放电。
7	留意外界动向，警惕泥石流等灾害。	暴雨持续时，及时评估藏身之处的安全性。尤其是容易发生泥石流地区，请保持警惕，注意外界动向，随时更换躲避场所。
8	注意墙体结构远离不牢固围墙。	在躲避暴雨时，要远离建筑工地的临时围墙，还有建在山坡上的围墙，也不要站在不牢固的临时建筑物旁边。

五、洪涝灾害发生时的自救

（一）遭遇突发山洪的自救与脱险

1. 要保持冷静，迅速判断周边环境，尽快向山上或较高地方转移；如一时躲避不了，应选择一个相对安全的地方避洪。

2. 山洪暴发时，不要沿着行洪道方向跑，而要向两侧快速躲避。

3. 山洪暴发时，千万不要轻易涉水过河。

4. 被山洪困在山中，应及时与当地政府防汛部门取得联系，寻求救援。当洪水来临的时候，一定要听从有关人员的安排，千万不可随意下水游动。无论你遇到何种情形，都不要慌，要学会发出求救信号，如晃动衣服或树枝，大声呼救等。

（二）灾后自救

洪水退后，留下一幅残乱的景象：满眼都是破败的废墟和被淹死的动物尸体。由于腐烂和水污染会引发疾病，格外小心是必要的。所有的水饮用前要彻底煮沸。洪水过后仍可找到某些庄稼和作物，可安全食用。

洪水退后，将房子进行彻底消毒，包括空调、供暖管道和过滤器。在重新使用之前检查并烘干所有电器。在检查被水淹过的房子时，要使用手电筒，千万别划火柴，以防因煤气泄漏而引发火灾。向有关方面报告毁坏的基础设施线路。

洪水发生后应注意以下事项：

1. 绝对不能吃在洪水里浸泡过的食物。

2. 喝水之前必须煮沸，做到充分沸腾。

3. 寻找附近可提供医疗服务的医院。在红十字会组织设置的避难区域，可以获得食品、衣物及紧急补助金。

4. 不要去灾害现场，以免妨碍救援活动和紧急业务。

5. 不能使用在水里浸泡过的电子产品。电子产品在修理之前要晾干。

6. 在建筑物内调查时不要使用煤油灯和火把，而要使用手电筒。

7. 公共线路被切断时，应联系相关管理部门。

六、暴雨洪涝发生时组织救援

图3-10　暴雨洪涝发生时组织救援流程图

第二节 滑坡、崩塌、泥石流

一、滑坡、泥石流、崩塌灾害知识宣传

（一）认识滑坡

1. 滑坡的基本知识

斜坡上的土体或岩体，受自然或人为因素的影响，在重力作用下，沿着一定的软弱面或软弱带，整体或分散地向下滑动的现象，俗称"走山""垮山""地滑""土溜"等。

2. 滑坡诱发因素

（1）自然因素。

主要有地震和火山，降雨和融雪，河流、湖库等地表水体的冲刷浸泡，温差变化以及海啸、风暴潮、冻融等诸多原因，其中暴雨和长时间连续降雨是诱发滑坡最主要的自然因素。

（2）人为因素。

人类工程活动的频繁地区因素，往往是滑坡多发区，不合理的人类活动，如开挖边坡、坡体堆载、爆破、水库蓄（泄）水、矿山开采、破坏植被及农业灌溉等都可诱发滑坡，尤以开挖边坡、形成临空面，是滑坡产生的最主要人为因素。近十多年来，人为因素诱发滑坡或参与比例越来越高。

知识链接

滑坡前兆

滑坡前缘出现横向及纵向裂缝，前缘土体出现隆起现象；滑体后缘裂缝急剧加宽加长，新裂缝不断产生，滑坡体后部快速下坐，四周岩土体出现松动和小型塌滑现象；滑带岩土体因摩擦错动出现声响，并从裂缝中冒出气或水；在滑坡前缘坡角处，有堵塞的泉水复活或泉水、井水突然干涸；动物出现惊恐异常现象；滑坡体上的观测点明显位移；滑坡前缘出现鼓丘；房屋倾斜、开裂和出现"醉汉林"、马刀树等。

（二）崩 塌

陡坡上的岩土体在重力作用下，突然脱离母体向下倾倒、崩落、滚动，堆积在坡脚（或沟谷）的地质现象。

能够诱发崩塌的外界因素很多，主要有：

1. 地震。地震引起坡体晃动，破坏坡体平衡，从而诱发崩塌。一般烈度大于 7 度以上的地震都会诱发大量崩塌。

41

2.降雨、融雪，特别是大雨、暴雨和长时间的连续降雨，使地表水渗入坡体，软化岩、土及其中软弱面，产生孔隙、水压力等，从而诱发崩塌。

3.地表水的冲刷、浸泡。河流等地表水体不断地冲刷坡脚或浸泡坡脚、削弱坡体支撑或软化岩、土，降低坡体强度，也能诱发崩塌。

4.不合理的人类活动。如开挖坡脚、地下采空、水库蓄水、泄水等改变坡体原始平衡状态的人类活动，都会诱发崩塌活动。

还有一些其他因素，如冻胀、昼夜温差变化等，也会诱发崩塌。

知识链接

崩塌前兆

崩塌的前缘：不断发生掉块、坠落、小崩小塌的现象；崩塌的脚部出现新的破裂形迹；不时听到岩石的撕裂摩擦声；出现热、气、地下水异常；动物出现异常。

（三）泥石流

由暴雨、冰雪融水等水源激发的、产生于山区沟谷中或山坡上，含有大量泥沙石块等固体物质的特殊洪流。其特点：暴发突然、历时短暂、来势凶猛、破坏力强。

泥石流通常分为三个区。形成区：包括汇水动力区和固体物质补给区，位于沟谷上游；流通区：是泥石流搬运通过的区段，一般位于沟谷中、下游；堆积区：是泥石流固体物质停留堆积的场所，多位于下游或沟口。

泥石流的形成必须同时具备三个条件：便于汇水、集物的地形地貌；丰富的松散物质；短时间内有大量的水源。

知识链接

泥石流发生的前兆

沟内有轰鸣声，主河流水上涨，正常流水突然中断。动植物异常，如猪、狗、牛、羊、鸡惊恐不安，不入睡，老鼠乱窜，植物形态发生变化，树林枯萎或歪斜等现象。

（四）滑坡、泥石流、崩塌的特性

图 3-11　滑坡、泥石流、崩塌的特性图

二、滑坡、泥石流、崩塌灾害预防措施

1. 滑坡、泥石流、崩塌灾害易发地带排查

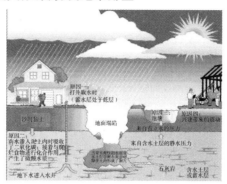

图 3-12 滑坡、泥石流、崩塌灾害易发地示意图

（1）地质灾害区域调查。

《县（市）地质灾害调查与区划》是编制各级地质灾害防治规划的基础。委托专业地勘队伍进行，技术要求按《县（市）地质灾害调查与区划基本要求实施细则》。工作程序分 4 个阶段：资料搜集、设计编写与审查、野外调查及检查验收、成果编制与评审；县（市）国土资源部门要对此有所了解，以便于组织管理及配合。

（2）地质灾害（隐患）点调查。

勘察、治理及应急的基础。灾情严重的应当由专业人员、最好有专家参加。对基层国土资源管理人员来说，有两点特别值得关注：一是灾害规模的确定，二是威胁范围和程度的确定。

（3）地质灾害简易监测方法。

地质灾害简易监测，是指借助于简单的测量工具、仪器装置和测量方法，监测灾害体、房屋或构筑物裂缝位移变化的监测方法。

表 3-2 一般常用检测方法表

埋桩法	埋桩法适合对崩塌、滑坡体上发生的裂缝进行观测。在斜坡上横跨裂缝两侧埋桩，用钢卷尺测量桩之间的距离，可以了解滑坡变形滑动过程。对于土体裂缝，埋桩不能离裂缝太近。
埋钉法	在建筑物裂缝两侧各钉一颗钉子，通过测量两侧两颗钉子之间的距离变化来判断滑坡的变形滑动。这种方法对于临灾前兆的判断是非常有效的。
上漆法	在建筑物裂缝的两侧用油漆各画上一道标记，与埋钉法原理是相同的，通过测量两侧标记之间的距离来判断裂缝是否存在扩大。
贴片法	横跨建筑物裂缝粘贴水泥砂浆片或纸片，如果砂浆片或纸片被拉断，说明滑坡发生了明显变形，须严加防范。与上面三种方法相比，这种方法不能获得具体资料，但是，可以非常直接地判断滑坡的突然变化情况。

地质灾害群测群防监测方法除了采用埋桩法、贴片法和灾害前兆观查等简单方法外，还可以借助简易、快捷、实用、易于掌握的位移、地声、雨量等群测群防预警装置和简单的声、光、电警报信号发生装置，来提高预警的准确性和临灾的快速反应能力。

监测次数和时间应依照旱季每 15 天监测一次，雨季（4~9 月）每 5 天监测一次（如每月 5 日、10 日、15 日、20 日、25 日、30 日），如发现监测地质灾害点有异常变化或在暴雨、连续降雨天气时，特别是 12 小时降雨量达 50 毫米以上时，应加密监测次数，如每天 1 次或多次，甚至昼夜安排专人监测。

2. 物资储备

表 3-3　应急物资清单表

集体物资	个人物资
基础设施抢修设备	粮食
应急发电机	收音机
帐篷	电池
棉被	常用药品
行军床	方便食品
饮用水设备	饮用水
医疗物资	通讯设备
食品药品	小工具
……	……

三、滑坡、泥石流、崩塌灾后组织救援

（一）地质灾害分级

地质灾害按照人员伤亡、经济损失的大小，分为特大型、大型、中型和小型四个等级。具体标准如下：

表 3-4　地质灾害分级表

特大型	因灾死亡和失踪 30 人以上或者直接经济损失 1000 万元以上的。
大型	因灾死亡和失踪 10 人以上 30 人以下或者直接经济损失 500 万元以上 1000 万元以下的。
中型	因灾死亡和失踪 3 人以上 10 人以下或者直接经济损失 100 万元以上 500 万元以下的。
小型	因灾死亡和失踪 3 人以下或者直接经济损失 100 万元以下的。

速报原则：情况准确，上报迅速，村为单位，续报完整。

（二）自救逃生

居住在泥石流灾害高发区的居民在雨季应高度警惕泥石流的发生。

1. 随时注意当地气象部门在电台、电视台上发布的暴雨消息，利用电话、广播等设施收听当地有关部门发布的灾害消息；当天降大雨或大暴雨时，一定要有人值班，一有情况及时叫醒睡觉的人。

2. 时刻注意听屋外任何异常的声音，如树木被冲倒、石头碰撞的声音。离沟道较近的居民要注意观察沟水流动的情况，如沟水突然断流或突然变得十分混浊。当有上述异常情况出现，可能意味着泥石流将要发生或已经发生，应立即撤离。

3. 如果有关部门已发出山洪泥石流的预报或警报，或上述异常情况越来越明显，应立即组织人员按原定的疏散路线，迅速离开危险区，到安全点避难。

灾后食品不足时，应适量进食来维持生命，若食物已经短缺，应一边寻找山果等充饥，一边等待政府救援物资。水源受污染时，应立刻停止使用被污染的水，以免发生中毒现象，可以收集雨水饮用。

图 3-13　泥石流灾后自救图

第三节 地 震

一、地震发生时的逃生技巧

1.室内应急

地震发生时，至关重要的是清醒的头脑，镇静自若的态度。只有镇静，才有可能运用平时学到的地震知识判断地震的大小和远近。近震常以上下颠簸开始，然后才左右摇摆，远震很少有上下颠簸感觉，都以左右摇摆为主，而且地声脆，震动小。一般有感地震和远震不必外逃，因为这种情况下，震害部位都比较轻，对人身安全不会造成威胁。地震时暂时躲避在坚实的家具下或墙角处，是较为安全的。

图 3-14 在室内遭遇地震

另外也可转移到承重墙较多、开间较小的厨房、卫生间等处，暂避一时。因为这些地方跨度小而刚度大，加之有些管道支撑，抗震性能较好。室内避震不管躲在哪里，一定要注意避开墙体的薄弱部位，如门窗附近等。躲过主震后，应迅速撤至户外。撤离时注意保护头部，最好用枕头、被子等柔软物护住头部。

案例链接

天津市的一位干部，在唐山地震后向人们介绍他一家因地制宜遇震躲避的经验，很引人深思。地震那天的夜晚，他因公宿于天津西郊某粮库的平房里，睡觉的位置正对着门。地震时他迅速跑到屋外，房顶虽然塌落了，他却安然无恙。而他爱人和两个孩子住在市中心的家中，地震时被突如其来的剧烈振动吓懵了，未敢从屋内跑出，急忙躲在家具附近。据现场分析，假如当时他们也向外逃跑，十有八九会被附近楼房的砖块砸死。当这位干部全家相聚时，他感慨万千地说："我从屋内跑出来拣了一条命，他们娘仨没有向外跑也躲过了险情，否则咱们很可能见不着面啦!"这事例生动地告诫我们:室内避震，是逃是躲需要因地制宜。

点评

大地震来临时，应考虑就近躲避，而不是盲目外逃。因为，人们往往来不及到达安全地点就被倒塌的房屋掩埋，无法凭自己的力量挣扎出来。这也就是很多大地震发生后，往往在建筑物出口处发现很多外逃未成功的遇难者，而在建筑物内部反而会出现幸存者。

2. 室外应急

假若地震时你正在室外空旷的地方，这是最庆幸的事。这时不要冒着大地颤动的危险往室内取物或救人。经统计，在地震发生的那十几秒至一分钟时间内，人们进入建筑物被砸伤的几率最大。如1979年在江苏溧阳6.0级地震中，有80%的重伤员和90%的死者是刚逃到门口或要进门时被砸或被压所致。要等地震危险期(约一分钟)过后，再设法去抢救，这时即使家人、邻里、同学们被压埋在废墟下，你还是可以抢救他们脱险的。

图 3-15　在室外遭遇地震

当地震发生时，楼房的窗玻璃碎片和大楼外侧混凝土碎块等，会飞落下来。住宅区的防护墙、石壁、土墙等往往崩裂倒塌，屋顶上的瓦片也会飞落，烟囱也可能腰折倒塌。这些情况都要充分估计到。如果在街上行走时地震，最好将身边的皮包或柔软的物品顶在头上，无物品时也可用手护在头上，尽可能做好自我防御的准备。应该迅速离开变压器、电线杆和围墙、狭窄巷道等，跑向比较开阔的空旷地区躲避。如果地震时你在山坡上或悬崖下，这时要注意山崩和滚石，千万不能跟着滚石往山下跑，而应沿着垂直滚石流方向奔跑，来不及时也可寻找山坡隆岗，暂躲在它的背后。地震时如果你处在有毒气体的化工厂厂区，这时要朝污染源的上风处奔跑，如果伤员是氯气中毒，这时不要进行人工呼吸。

二、地震发生时的自救与互救

（一）自　救

地震中被埋在废墟下的人员，即使身体不受伤，也有可能被烟尘呛闷窒息的危险，因此这时应注意用衣服或衣袖等捂住口鼻，避免意外事故的发生。另外，还应想法将手与脚挣脱开来，并利用双手和可能活动的其他部位清除压在身上的各种物体。用砖块、木头等支撑可能塌落的重物，尽量将"安全空间"扩大些，保持足够的空间呼吸。若环境和体力许可，应尽量想法逃离险境，如果床、窗户、椅子等旁边还有空间的话，可以从下面爬过去，或者仰面蹭过去。倒退时，要把上衣脱掉，把带有皮带扣的皮带解下来，以免中途被阻碍物挂住，最好朝着有光线和空气的地方移动。当几个人被压在一起，而周围又很容易倒塌时，应该由一人先出来，到了安全地带后，再一个接一个地脱险。如果周围比较稳定的话，最好像排队似的一起出来，还有一种方法是，先脱险的人用一头打结的绳索或者表面粗糙容易抓住的皮带丢给待脱险者，等脱险者把它系在身上后，拉他迅速脱险。无力脱险自救时，应尽量减少气力的消耗，坚持的时间越长，得救的可能性越大。

地震中，在被压埋的期间里，要想方设法寻找代用食物，俗话说，饥不择食，此时，若要生存，只能这样做。唐山地震时这类例子相当多。例如，有个抱着枕头被压在废墟里，饿极了的时候，就用枕头里的高粱花充饥，坚持到获救为止。有一位居民被压埋后，靠饮用床下一盆未倒的洗脚水而生存下来。还有一位中年妇女，渴极了的时候饮自己排出的尿，一直坚持了十多天时间，终于得救。

一般情况下，被压在废墟里的人听外面的人声音比较清楚，而外面的人对里面发出的声音则不容易听见。因此，要静卧，保持体力，只有听到外面有人时再呼喊，或采用敲击管道、墙壁等一切能使外界听到的方法求救。

（二）互　救

地震后救人，时间就是生命。在1983年山东菏泽地震中曾做过统计，震后20分钟内可以救出37.55%的遇难人员，救活率可达98.3%以上；1小时内，可救出85.8%的人员，但救活率下降到63.7%以下；若2小时内还救不出被砸压的人员，因窒息而死的人数上升到砸死人员的58.6%以上。所以，救人应当先从最近处救起，只要是在最近处有人被埋压，就要先抢救他们。此种做法可以节约时间，减少伤亡。

图3-16　用石块敲击水管求生

近处救人要先救青壮年和医务人员。救出一个青年，就等于增多一份救援力量；救出一个医生就可以尽快医治和护理好一批伤病员。另外还要注意先救有呼声的，先救容易救的人。救人时要先呼唤，确知人还活着再下力去救，其目的与先救容易救的人一样，以便能在最短时间形成一支强大的救人队伍。

营救他人时应先确定伤员的头部位置，使头部暴露，迅速清除口鼻的尘土，再使胸腹部暴露。如有窒息，应及时施以人工呼吸，有些伤势不重者，可帮他暴露头部和胸腹部后，让其自救脱离险境，这样可能争取时间抢救更多的人。凡伤者不能自行出来的，不要强拉硬拖，应尽量充分暴露全身后才可扒出。从废墟中将人扒出来，如果是伤者、病者，他们还没有脱离危险，即使无病无伤，如果埋压过久，也有必要进行特殊的护理。流血者要及时止血，骨折者要做简单的包扎。在黑暗处待的时间长的人，出来后要避免强光的刺激。长时间处于饥饿的人，不能一下子喂给过多食物。

震后初期的抢救工作，大多采取手挖肩扛。若利用工具，如铲、铁杆、齿扒、锤子、凿子、斧、木棍等，一定要注意安全。在挖人时更要小心，不可用利器刨挖，最好用手一点点地抠。在一些梁柱相互叠压的情况下，挖掘时要特别注意仔细分清哪些是支撑物，是压埋的阻挡物，对上面重物需进行必要的支撑，绝不能鲁莽行事。挖掘过程中，要特别注意不要造成粉尘碎物飞扬，以致误伤被营救者，必要时可采取洒水息尘的办法。

图 3-17　正确的救援方法

现场抢救中，力争及早除去伤员身上或伤肢的重物，立即固定伤肢，不要拉扯被压埋人，以免造成新的损伤；抬伤员不能一人抬手、一人抬腿，扭曲身体，以免造成伤员瘫痪，应用竹木床板、担架运送伤员。

三、震后组织救援

恢复重建工作实行"统一规划、统筹安排、突出重点、分步实施"的办法。在恢复生产的基础上，制定规划，组织实施，有计划、有步骤、保质保量地搞好重建家园的工作。

第四节　冰　雹

一、冰雹知识要点宣传

冰雹，也叫"雹"，俗称雹子，有的地区叫"冷子"，夏季或春夏之交最为常见，它是一些小如绿豆、黄豆，大似栗子、鸡蛋的冰粒，特大的冰雹比柚子还大。我国除广东、湖南、湖北、福建、江西等省冰雹较少外，各地每年都会受到不同程度的雹灾。尤其是北方的山区及丘陵地区，地形复杂，天气多变，冰雹多，受害重，对农业危害很大，猛烈的冰雹打毁庄稼，损坏房屋，人被砸伤、牲畜被打死的情况也常常发生。因此，雹灾是我国严重灾害之一。

二、防御冰雹措施

（一）冰雹常用防御方法

图 3-18　冰雹常用防御方法图

在农村多雹地带，由于植被覆盖率低，遇到冰雹灾害时很容易造成大的伤害。因此种植牧草和树木，增加森林面积，改善地貌环境，破坏雹云条件，可达到减少雹灾的目的。同时增种一些抗雹和恢复能力强的农作物也有助于抵御冰雹。对于已经成熟的作物应该在收到预警信号时及时抢收。多雹灾地区降雹季节，农民下地随身携带防雹工具，如竹篮、柳条筐等，以减少人身伤亡。

（二）家庭避险要点

能力拓展

家庭避险有哪些要点？请把它们记下来。

表 3-5　家庭避险要点表

序号	家庭避险要点
1	关好门窗，妥善安置好易受冰雹影响的室外物品。
2	切勿随意外出，确保老人小孩留在家中。
3	暂停户外活动，如在户外，不要在高楼屋檐下、烟囱、电线杆或大树底下躲避冰雹。
4	在防冰雹的同时，也要做好防雷电的准备。

（三）农作物遭受雹灾在后补救

表 3-6　农作物受雹灾后补救措施表

农作物种类	防 保 措 施
玉米	1. 剪叶。雹灾过后，及时剪去枯叶和被冰雹打碎的烂叶，促进新叶生长。 2. 中耕。雹灾过后，容易造成地面板结，地温下降，使根部正常的生理活动受到抑制，应及时进行划锄、松土，以提高地温，促苗早发。 3. 追肥。灾后及时追肥，对植株恢复生长具有明显促进作用，一般地块，每 667m² 可施碳铁 5kg 左右。 4. 移栽。对雹灾过后出现缺苗断垄的地片，可选择健壮大苗带土移栽，移栽后及时浇水、追肥，促进缓苗。
高粱	高粱的适应性很强，再生能力也很强，是较好的抗灾作物之一。苗高 33~67cm 的高粱，即使在雹灾后仅剩下 3~7cm 的茬子，只要分蘖节未被打坏，如能及时进行中耕、松土、除草、追肥等田间管理措施，都可能重新生长、抽穗，获得一定的产量。注意，高粱受雹灾后，无需去掉残茎叶。
大豆	在苗期遭受雹灾后，只要子叶节未被打断，而且子叶节处有部分茎皮，经过加强田间管理，仍能恢复生长，还能形成分枝、开花、结荚，并能获得较好的产量。 在侧枝形成期受雹灾，严重的能被打成光秆。经过中耕松土、肥水管理，一般 6~7 天，子叶节上部叶腋中发芽，并长成分枝，开花结荚。
花生	花生具有很强的分枝能力和再生能力，且茎叶柔软、富有弹性，每当傍晚和阴雨天气，叶片闭合，是极强的抗雹灾作物。花生在生育期间受雹灾袭击，要加强灾后管理，不要随意翻种。
谷子	在苗期受雹灾，其恢复较快，受害较轻。轻灾后的谷子地只要多锄几遍，进行追肥治虫，于实后一星期就可发芽，仍可穗大粒多获高产。 受灾严重的谷子，分蘖节被打伤，或被砸成光秆，恢复较困难的，应及早改种其他作物。
甘薯	甘薯在扎根前，抗雹灾能力弱，受害重，且灾后易发生烂秧死苗，应及时翻种或补栽。当甘薯苗扎根或爬秧后受雹灾，只要及时松土、追肥，能迅速恢复生长。

小麦	小麦是一种抗灾能力较强的作物，在扬花期以前，不论遭受何种程度的雹灾，只要不翻种，都能重新发权成穗。但需注意灾后小麦生长参差不齐，成熟期不一致，必须实行分期收获。
棉花	根据雹灾程度主要是加强肥水病虫害管理、促发新叶与分枝、培育果枝，具体措施为：每亩补施尿素 10kg 或复合肥 8~10kg，并进行浇水划锄，做好蚜虫、粘虫、棉铃虫等的防治工作。
蔬菜制种	蔬菜制种受灾影响主要是黄瓜种、芹菜种、葱种等。对于杂交黄瓜制种防虫网破损的应及时修补，防止出现种子混杂现象。露地制种的蔬菜，应及时将倒地的植株扶起并支架，折断的部分要清除。管理上要更精细，及时中耕划锄并喷施叶面肥，促进受伤植株尽快恢复，减少灾害损失。
茄果类蔬菜	生产上受损失的主要有茄子、芸豆、豆角、西红柿等蔬菜品种。根据蔬菜品种、生长时期和受损情况提出如下意见： 1. 对于蔬菜处于苗期受灾较严重的（植株损害率达40%以上）建议及时播种换茬。损害轻的要加强肥水及病虫害防治管理，促进蔬菜尽快恢复生长。豆类再生能力弱，受损严重的及时补种换茬。受损轻的应加强田间管理，尽量减少损失。 2. 茄果类蔬菜处于坐果期。受损严重的，根据茄果类蔬菜（茄子、西红柿等）再生能力强的特点，及时进行植株调整，比如换头，引发侧枝等管理措施，减少损失。受损轻的，一方面要加强中耕划锄，促进根系的发育，增强植株的自我修复能力，提高植株的抗逆性；另一方面适当增施氮肥，通过根部和叶面增施氮肥，有利于受损茎、叶的修复和新叶的生长。

第五节 高温、干旱

一、防高温、干旱灾害要点宣传

农村地区干旱从自然因素来说，旱灾发生的主要与偶然性或周期性的降水减少有关。从人的因素上来考虑，人为活动导致干旱发生的原因主要有以下四个方面：一是人口大量增加，导致有限的水资源越来越短缺。二是森林植被被人类破坏，植物的蓄水作用丧失，加上抽取地下水，导致地下水和土壤水减少。三是人类活动造成大量水体污染，使可用水资源减少。四是用水浪费严重，在我国，农业灌溉用水浪费惊人，导致水资源短缺。

干旱是对人类社会影响最严重的气候灾害之一。它具有出现频率高、持续时间长、波及范围广的特点。干旱的频繁和长期持续发生，不但会给社会经济，特别是农业生产带来巨大的损失，还会造成水资源短缺、荒漠化加剧、沙尘暴频发等诸多生态和环境方面的不利影响。

二、高温、干旱灾害预防措施

（一）家庭防护

夏季一定要注意，在户外工作时，采取有效防护措施，切忌在太阳下长时间裸晒皮肤，最好带冰凉的饮料。注意不要在阳光下疾走，也不要到人聚集的地方。从外面回到室内后，切勿立即开空调吹。尽量避开在上午 10 时至下午 4 时这一时段出行，应在口渴之前就补充水分。同时家庭应注意高温天饮食卫生，防止胃肠感冒，保持充足睡眠，有规律地生活和工作，增强免疫力。

对特殊人群的关照，特别是老人和小孩，高温天容易诱发老年人心脑血管疾病和小儿不良症状。同时预防日光照晒后，日光性皮炎的发病。如果皮肤出现红肿等症状，应用凉水冲洗，严重者到医院治疗。出现头晕、恶心、口干、迷糊、胸闷气短等症状时，应怀疑是中暑早期症状，立即休息，喝一些凉水降温，病情严重者立即到医院治疗。

夏天炎热时，高温容易引起人体种种不适，如不想吃饭，体温升高，心跳加快等，这都是人体代谢和生理状况对高温环境的应激反应。高温只要采取正确的措施，我们同样能过一个健康清凉的夏天。

盛夏人们的吃喝问题是很重要的。这是因为当人在炎热的环境中劳动时，体温调节、水盐代谢以及循环、消化、神经、内分泌和泌尿系统发生显著变化，会导致营养消耗增加，从汗水中流失了不少水和营养素。而夏天人们食欲减退，也会限制营养的吸收。

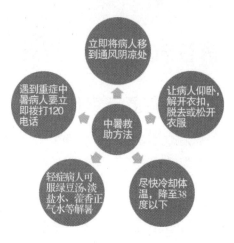

图 3-19　中暑救助办法图

（二）应对高温的农业防御措施

1.由于高温伴干旱时对农作物的危害最大。在目前尚无法控制高温天气发生的情况下，从做好抗旱工作入手，适时灌溉，不仅达到以水调温的目的，也保证了作物的水份供给，减轻高温危害。如对处于灌浆期的早稻可采用浅水勤灌、日灌夜排或喷灌（据试验，喷灌一次后，田间气温可迅速下降 2~5℃，相对湿度增加 10%~20%，有效时间约 2 个小时左右，气温越高，喷灌后降温增湿的效果越好）的方式，以降低田间温度，提高湿度，防止"高温逼熟"，提高千粒重，对处于秧苗期的晚稻，加强田间水分管理，也能防止高温灼苗和缺水死苗。

2.可采用根外施肥，喷施磷、钾肥，增强作物（水稻等）抗高温能力。

3.蔬菜可采用遮阳网(具有挡强光、降高温、防蒸发等功能)等保护地栽培，达到稳产的目的。

4.对于果园，采取灌溉增加果树的水分供应或对树盘覆盖稻草等，降低温度，防止水分蒸发，也能起到减轻高温危害的作用。

5.农民朋友应做好降温防暑工作，尤其应避免在中午（阳光曝晒）前后在田间劳作。

三、中暑的急救方法

（一）注意事项

内科医生认为，在高温环境下，人体出汗较多，易使人食欲不振，引起消化道疾病。一些人因强光照射过久，会得光照性皮炎。中老年人头晕、烦躁、乏力等症状比较普遍。老年人血压易升高，心脏负荷会加重，这就增加了心血管系统的发病概率。婴幼儿易患热伤风。

（二）急救措施

表 3-7　中暑急救措施表

名称	症状	急救措施
晒伤	皮肤红痛，可能肿胀，有水泡；发热或头痛。	用肥皂洗去可能阻塞在毛孔的油脂；用干的、无菌的绷带敷在水泡上并到医院治疗。
痉挛	突发疼痛痉挛，尤其是腿和腹部肌肉；大量出汗。	将伤者挪至凉爽处；轻轻舒展肢体并按摩；每 15 分钟喂半杯凉水；若患者想呕吐，停止喂水。
中暑	大量出汗而皮肤发凉，面色苍白或发红；脉搏微弱；体温有可能保持正常或升高；昏迷或头昏眼花，呕吐，疲惫无力或头痛等。	让其在凉爽处躺下；解开或脱去衣服；准备浸过凉水的布；如果患者意识清楚，每 15 分钟慢慢地喂少许水；如果患者呕吐，停止喂水，立即寻求医疗。
急性疾病	体温高达 40℃以上；皮肤红、热、干；脉搏快而微弱；呼吸快而微弱；除非刚刚结束大体力活动，患者可能不会出汗；有可能失去意识。	拨打 120 急救电话或立即送往医院；将患者移至凉爽的环境中脱去衣服；试着用海绵或者湿巾擦拭患者身体以降温；关注患者呼吸情况；使用电扇或空调。

第六节　寒潮、暴雪

一、寒潮、暴雪灾害知识宣传

（一）寒　潮

寒潮指北方寒冷气团迅猛南下，造成急剧降温的现象，常伴有大风、雨、雪天气，会出现冰冻、沙尘暴、暴风雪天气，对农牧业和交通运输造成严重危害，还会损害人们的健康，常引发冻伤以及呼吸道、心血管等疾病。

根据强弱程度，我国将冷空气分为五个等级：弱冷空气、中等强度冷空气、较强冷空气、强冷空气和寒潮。

弱冷空气	使某地的日最低气温 48 小时内降温幅度小于 6℃的冷空气。
中等强度冷空气	使某地的日最低气温 48 小时内降温幅度大于或等于 6℃但小于 8℃的冷空气。
较强冷空气	使某地的日最低气温 48 小时内降温幅度大于或等于 8℃，但未能使该地日最低气温下降到 8℃或以下的冷空气。
强冷空气	使某地的日最低气温 48 小时内降温幅度大于或等于 8℃，而且使该地日最低气温下降到 8℃或以下的冷空气。
寒潮	使某地的日最低气温 24 小时内降温幅度大于或等于 8℃，或 48 小时内降温幅度大于或等于 10℃，或 72 小时内降温幅度大于或等于 12℃，而且使该地日最低气温下降到 4℃或以下的冷空气。

（二）暴　雪

暴风雪突袭应对：

1. 尽量待在室内，不要外出。

2. 在室外，要远离广告牌、临时搭建物和老树，避免砸伤。路过桥下、屋檐等处时，要小心观察或绕道通过，以免因冰凌融化脱落伤人。

3. 非机动车应给轮胎少量放气，以增加轮胎与路面的摩擦力。

4. 要听从交通民警指挥，服从交通疏导安排。

5. 注意收听天气预报和交通信息，避免因机场、高速公路、轮渡码头等停航或封闭而耽误出行。

6. 驾驶汽车时要慢速行驶并与前车保持距离。车辆拐弯前要提前减速，避免踩急刹车。有条件要安装防滑链，佩戴色镜。

7. 出现交通事故后，应在现场后方设置明显标志，以防连环撞车事故发生。

8. 如果发生断电事故，要及时报告电力部门迅速处理。

二、寒潮、暴雪的预防措施

（一）温室大棚等农业设施防霜冻措施

秋季大风降温对塑料大棚和日光温室等农业设施影响较大，尤其在较强冷空气带来霜冻的情况下，要加强管理，防范霜冻影响。

表3-8　农业防霜冻措施表

塑料拱棚预防霜冻措施	1. 在刚定植处于幼苗期的塑料拱棚内加挂防冻幕（沿拱棚四周进行悬挂），或在大拱棚内加盖小拱棚；或在植株上直接铺盖一层地膜；也可每天下午5点以后用塑料营养钵、花盆、泥碗等将幼苗扣住，进行保温，预防霜冻。气温回升后逐渐撤去覆盖物。
	2. 在刚定植处于幼苗期的塑料拱棚内灌水，水量以半沟为宜，增加棚内湿度。
	3. 对尚未定植的塑料拱棚，以保温为主。待天气晴好且在近期无霜冻，棚内地温稳定通过14℃以上，选择晴天上午再定植幼苗。
	4. 在定植幼苗的塑料拱棚内，在凌晨4~5点燃放百菌清、腐霉利、嘧霉胺等烟雾剂，防病、增温、降湿，每亩用量200 g ~ 250 g。
日光温室预防霜冻措施	1. 节能日光温室要做好保温工作，坚持早揭晚盖草苫，及时关闭风口，确保植株生长适宜的温度。
	2. 育苗温室加强保温、增温措施，管护好近期准备定植的幼苗，防止老化。
	3. 在日光温室内燃放百菌清、腐霉利、嘧霉胺等烟雾剂，防病、增温、降湿。傍晚盖草苫后点燃熏烟，每亩用量200 g ~ 250 g。使用时，把烟雾剂均匀摆放在温室后部过道上，由内向外依次点燃，次日通风2小时后才可进入棚内。
	4. 降雪（雨）或连阴的白天要揭开草苫，让蔬菜接受散射光。降雪（雨）天让雪（雨）直接落在棚膜上，避免雪（雨）落在草苫上增加重量，引起棚体坍塌。

（二）农业应对降雪措施

1. 种植业

（1）要加强蔬菜瓜果设施的管理。大棚蔬菜种植户要抓好大棚保温管理，及时清理设施积雪，防止大棚倒塌。对倒塌大棚要及时进行修复，加固压膜线，压牢裙膜，及时关闭门窗，防止大风掀揭棚膜，避免灾情进一步扩大。同时，可采取大棚内加设小弓棚、加盖草苫、多层覆膜、室内补温控水等措施调控温度和湿度，增强设施保温抗寒能力。有条件的农户可用白炽灯给苗棚补光，开启加温炉，提高棚内温度和地温，达到防雪防冻的目的。

（2）要抢收抢管在地蔬菜和菜苗。对已成熟的蔬菜要及时抢收上市，补充市场供应。要优先对在地的菜苗进行田管保苗，天气一旦好转，立即用地热线或电热线进行育苗。对受损严重的大棚，可在雪后固棚补膜，改种小白菜生菜等速生菜。

（3）要加强油菜、小麦田间管理。油菜、小麦田块抗雪防冻重在雪后，要突击清沟理墒，做到沟沟相通，内外相接，及时排除田间积水。对目前在地的油菜和小麦，一定要待天晴雪融后，方可进行培土壅根、覆盖保苗，增施有机肥和钾肥等暖性肥料，以增强在田油菜、小麦的抗寒能力，促进其苗情转化升级。

2. 渔 业

（1）要提高鱼塘水位。及时补充池水，保持池塘水深 2 m 以上，提高抗冻能力。

（2）要破冰增氧。对冰封严重的亲鱼池、鱼种池，要及时破冰、打孔增氧，避免鱼类缺氧死亡。

（3）要停止生产作业。在严寒期间，除保障市场供应等特殊要求外，暂停捕捞作业，尽量避免对亲鱼池、鱼种池进行拉网等操作，以免造成鱼体损伤。

（4）要及时修复保温棚等灾损渔业设施。努力减少甲鱼等特种水产品损失。

（5）要加强春投春放技术指导。春投春放是保障渔业丰收的关键，广大养殖户要做好鱼种余缺调剂，有效降低冻灾鱼种、亲鱼死亡造成的滞后影响。

3. 养殖业

（1）要重点针对畜禽养殖小区、养殖大户搭建的简易畜禽圈舍进行加固，防止倒塌。要及时清扫畜禽圈舍、棚舍积雪。

（2）要认真做好畜禽棚室的增温保暖工作。采用塑料薄膜和稻草遮挡圈舍门窗缝隙处等方法，防止贼风袭击，避免畜禽受寒生病，并针对畜禽营养需要，在保证蛋白质和能量饲料供应的同时，要注意补充青绿饲料和维生素等，增强畜禽营养和自身抗寒能力。

（3）要密切关注畜禽疫病动态。大雪覆地，野禽极易向人畜（禽）聚集区觅食栖息，容易造成疫情传播。为此要做好饲料、饲草、药物、消毒剂、疫苗等物资的储备供应工作，做好存栏补栏畜禽的高致病性禽流感、牲畜口蹄疫等重大动物疫病免疫工作，确保免疫密度100%。要加强畜禽栏舍和用具的消毒，防止疫病发生和流行。一旦发现病死畜禽要及时规范处置，做好病死畜禽的无害化处理，防止疫情流行和蔓延。

（4）要及时做好畜禽的出栏和补栏。重点做好养殖场供水系统保护工作，使用草席包裹、深埋、排空等方式护好水管，保证畜禽饮水正常供给，为雪后及时补栏做好准备。

4. 畜牧业

（1）加强牧区草原建设，有计划地逐步扩大人工草场的种植面积，增加贮料，改善淡季饲草不足的状况；同时，抓好饲料生产，充分合理利用当地的水热条件，种植优良牧草，并因地制宜，合理布局，建立饲料加工厂，保证饲料就地加工使用。

（2）根据当年饲料产量和贮备情况，合理确定越冬的牲畜头数，淘汰病、弱、老畜。这样既可获得较多的畜产品，又可减轻淡季饲料草不足的压力；保证健康牲畜安全过冬渡春；同时要及时收听气象预报广播。暴风雪预报在牲畜过冬和春秋季转场季节中特别重要。牧区气象站应增设或加强牧业气象的专业服务，做好长、中、短期天气预报，及时提供天气情况；另一方面，畜牧部门和牧民应及时收听和使用天气预报广播，及早做好各种救灾准备工作。

（三）家庭寒潮防御

1. 寒潮病预防

寒潮病是因为气温迅速降低，寒潮来袭诱发或引发的各种疾病症状。"寒潮病"高发期，对降温敏感的心脑血管、肺部、呼吸道等急性病人增多。对此，医生提醒，天气寒冷尤其要注意适当保暖，室内外温差不要过大，减少温度变化对人体的刺激。医生告诫，气温降低，人会有自然的反应，血管会收缩，血液的粘稠度会增高，造成血管痉挛，引发心梗、脑梗。一旦出现这些症状，要尽快就诊，特别是冠心病、高血压病、糖尿病、心肌炎和肥胖患者不可掉以轻心。

2. 冻伤防护

（1）保暖衣物别太紧。冻伤主要是低温寒冷造成的，但也受其他因素的影响。如潮湿、刮风、穿衣过少、长时间静止不动（学生、售票员），都可加重冻伤。另外如疲劳、醉酒、饥饿、失血、营养不良等使人体抵抗力降低，也容易引起冻伤。

（2）冻伤后别马上热敷。发生冻伤后，不能马上热敷或者按摩冻伤部位，以防加重局部水肿。受冻后一至两小时后方可进行热敷，如果局部皮肤没有破损，可以涂抹冻伤膏（在医院、药店可以买到）。如果皮肤有破损，则需要尽快用新霉素软膏涂抹，防止感染。

（四）雪灾防御

雪灾对北方地区农牧业影响较大。暴风雪来临前，农户应将牲畜赶回棚圈，并适当采取防寒措施。比如，关好棚圈门窗，地上铺干草，还可用被褥、羊毛苫等盖在牲畜身上。

此外，雪灾除了对牧区畜牧业有危害外，对交通也能产生严重影响。因此在大雪降临时，高速公路应及时清除路面积雪。为了加速积雪融化，可以在路面撒播融雪剂。在寒潮暴风雪强烈发生时，应避免出行或停车避让，交通部门必要时要关闭公路、铁路和航运交通，防止发生交通事故。暴风雪即将来临时应对温室、大棚和畜舍等农业设施进行加固，防止被暴雪压垮或被大风吹倒。

三、寒潮、暴雪时出行注意事项

患有心脑血管病的人应该特别注意这个时候疾病复发。因为气温下降，人的外周血管收缩，循环系统的负担加重，容易发病。患有腰椎、颈椎疾病和关节炎的中老年人注意防病也是这个道理。另外，有胃病的人也要注意防范。

建议雪后老人不要晨练。在过冷的天气下，锻炼身体反而对身体不利：一方面，地面结冰容易使老人意外摔倒导致骨折；另外，冷天气容易诱发一些高血压、心脑血管病、糖尿病人病情复发、恶化，也容易导致感冒和上呼吸道感染。

雪天行人要走人行道，不要在机动车道上行走，防止被侧滑的车碰到；走路速度不要太快，最好穿防滑鞋或旅游鞋，切勿穿硬塑料底鞋。雪天开车，不抢道不超车减速慢行。由于雪天路滑，车辆的刹车系统反应比较慢，控制不好极易出事故。

第七节　台　风

一、防台风要点宣传

公众在日常所说的"台风"，术语称"热带气旋"，通常指发生在热带地区急速旋转的低压涡旋。常常伴随着强烈的天气变化，如狂风、暴雨、巨浪、风暴潮和龙卷风等。

世界气象组织规定，热带气旋按其中心附近的 2 分钟平均最大风力等级区分为不同强度，由弱到强依次为：热带低压（风力 6~7 级）、热带风暴（风力 8~9 级）、强热带风暴（风力 10~11 级）和台风（风力 12 级及以上）。

二、台风来临前的准备措施

（一）物资准备

图 3-20　台风物资准备图

（二）台风来临前的转移安置

1. 预警程序及信号传递方式。为让群众及时躲灾、避灾，减少山洪灾害损失，在一般情况下，应按县→（乡）镇→村→组的次序进行预警，紧急情况下按组→村→乡→县的次序进行预警。

2. 预警、报警信号设置。预警信号为电视、电话。县防汛办接到雨情、水情信息后，通过县电视台播放及电话或预警系统通知各乡(镇)，乡(镇)及时通知各村、组。报警信号一般为口哨、警报器等。如有险情出现，由各报警点和信息员发出警报信号，警报信号的设置因地而异。

3. 信号发送。在 6~9 月份汛期，县、乡(镇)、村三级必须实行 24 小时值班。相互之间均用电话联系。村组必须明确 1~2 名责任心强的信号发送负责人，在接到紧急避灾转移命令或获得严重的监测信息后，信号发送人必须立即按预定信号发出报警信号。

4. 人员转移。各区居民接到转移信号后，必须在转移责任人的组织指挥下迅速按预定路线安全、有序地转移。统一指挥，有序转移，安全第一。

5. 转移安置的原则和责任人。其原则是先人员后财产；先老幼病残，后一般人员；先危险区后警戒区。信号发送和转移责任人必须最后离开灾害发生区，并有权对不服从转移命令的人员采取强制转移措施。

6. 安置方法、地点及人数。山洪灾害发生后，人员安置的方法应本着就近、安全的原则，采取对户接待、搭棚等多种安置方法。搭棚地点应选择在居住地附近，坡度较缓，没有山体崩塌、滑坡迹象的山头。

7. 转移安置纪律。灾害一旦发生，转移安置必须服从指挥机构的统一安排，统一指挥，并按预先制定好的严明纪律，井然有序地进行安全转移，最大限度保障人民生命财产安全。

三、台风来临时避险技巧

表 3-9　台风注意事项表

不下海游泳	台风来时海滩助潮涌，大浪极其凶猛，在海滩游泳是十分危险的，所以千万不要去下海。
不要盲目自救	台风中外伤、骨折、触电等急救事故最多。外伤主要是头部外伤，被刮倒的树木、电线杆或高空坠落物如花盆、瓦片等击伤。电击伤主要是被刮倒的电线击中，或踩到掩在树木下的电线。不要打赤脚。最好穿雨靴防雨同时起到绝缘作用，预防触电。走路时观察仔细再走，以免踩到电线。通过小巷时，也要留心，因为围墙、电线杆倒塌的事故很容易发生。高大建筑物下注意躲避高空坠物。发生急救事故，先打120，不要擅自搬动伤员或自己找车急救。搬动不当，对骨折患者会造成神经损伤，严重时会发生瘫痪。
乘坐火车出行	在航空、铁路、公路三种交通方式中，公路交通一般受台风影响最大。如果一定要出行，建议不要自己开车，可以选择坐火车。
检查门窗阳台	台风来临前应将阳台、窗外的花盆等物品移入室内，切勿随意外出，家长关照自己孩子，居民用户应把门窗捆紧栓牢，特别应对铝合金门窗采取防护，确保安全。市民出行时请注意远离迎风门窗，不要在大树下躲雨或停留。

四、台风远离的迹象

当风雨骤然停止时，有可能是进入台风眼的现象，并非台风已经远离，短时间后狂风暴雨将会突然再来袭。此后，风雨渐次减小，并变成间歇性降雨，慢慢地风变小，云升高，雨渐停，这才是台风离开了。如果台风眼并未经过当地，但风向逐渐从偏北风变成偏南风，且风雨渐小，气压逐渐上升，云也逐渐消散，天气转好，这也表示台风正远离中。

第四章

农村社区传染病及突发事件的防控

第一节 传染病

传染性疾病是由各种病原体引起的，能在人与人、动物与人或人与动物之间相互传播的一类疾病。作为医疗条件较差的农村地区，传染病的防治是农村医疗的重点工作。对于一些法定传染病，农村防疫部门必须及时掌握其发病情况，及时采取对策，并在发现后及时上报。我国法定传染病主要分为三类。本节主要就传染病类型、预防控制传染病以及救护处置进行较详细地介绍，并列出了一些有效的管理方法，为农村传染病的管理提供一些帮助。

一、农村社区常见传染病类型

1. 病毒性肝炎

病毒性肝炎是由多种肝炎病毒引起的，一组以肝损害为主的全身性传染病。目前所知的肝炎病毒至少有甲、乙、丙、丁、戊五种类型。临床表现主要为：

（1）急性肝炎。

分为急性黄疸型肝炎和急性无黄疸型肝炎，潜伏期在 15～45 天之间，平均 25 天，总病程 2～4 个月。黄疸前期有畏寒、发热、乏力、食欲不振、恶心、厌油、腹部不适、肝区痛、尿色逐渐加深，本期持续平均 5～7 天。黄疸期热退、巩膜、皮肤黄染，黄疸出现而自觉症状有所好转，肝大伴压痛、叩击痛，部分患者轻度脾大，本期 2～6 周。恢复期黄疸逐渐消退，症状减轻以至消失，肝脾恢复正常，肝功能逐渐恢复，本期持续 2 周至 4 个月，平均 1 个月。

（2）慢性肝炎。

常见症状为乏力、全身不适、食欲减退、肝区不适或疼痛、腹胀、低热，体征为面色晦暗、巩膜黄染，或有蜘蛛痣或肝掌、肝大、质地中等或充实感，有叩痛，脾大严重者，可有黄疸加深、腹腔积液、下肢水肿、出血倾向及肝性脑病。

（3）重型肝炎。

急性重型肝炎 起病急，进展快，黄疸深，肝脏小。起病后 10 天内，迅速出现神经精神症状，出血倾向明显并可出现肝臭、腹腔积液、肝肾综合征、凝血酶原活动度低于40%而排除其他原因者，胆固醇低，肝功能明显异常。

亚急性重型肝炎　在起病 10 天以后，仍有极度乏力、重度黄疸（胆红素 >171μmol/L）、腹胀并腹腔积液形成，多有明显出血现象，一般肝缩小不突出，肝性脑病多见于后期肝功能严重损害；血清 ALT 升高或升高不明显，而总胆红素明显升高即：胆酶分离，A/G 比例倒置，丙种球蛋白升高，凝血酶原时间延长，凝血酶原活动度 <40%。

慢性重型肝炎　有慢性肝炎肝硬化或有乙型肝炎表面抗原携带史，影像学、腹腔镜检查或肝穿刺支持慢性肝炎表现者，并出现亚急性重症肝炎的临床表现和实验室改变为慢性重型肝炎。

（4）淤胆型肝炎。

起病类似急性黄疸型肝炎，但自觉症状常较轻，有明显肝大、皮肤瘙痒、大便色浅。较轻的临床症状和深度黄疸不相平行为其特点。

（5）肝炎后肝硬化。

早期肝硬化必须依靠病理诊断、超声和 CT 检查等，腹腔镜检查最有参考价值。临床诊断肝硬化，指慢性肝炎病人有门脉高压表现，如腹壁及食管静脉曲张，腹腔积液、肝脏缩小，脾大、门静脉、脾静脉内径增宽，且排除其他原因能引起门脉高压者，依肝炎活动程度分为活动性和静止性肝硬化。

2. 结核病

结核病是由结核杆菌感染引起的慢性传染病。结核菌可能侵入人体全身各种器官，但主要侵犯肺脏，称为肺结核病。结核病又称为痨病和"白色瘟疫"，是一种古老的传染病，自有人类以来就有结核病。

结核病可累及全身多个脏器，但以肺结核最为常见。排菌病人是社会传染源。人体感染结核杆菌后不一定发病，仅于抵抗力低下时方始发病。该病病理特点是结核结节和干酪样坏死，易形成空洞。除少数可急起发病外，临床上多呈慢性过程。常有低热、乏力等全身症状和咳嗽、咯血等呼吸系统表现。

3. 流行性出血热

流行性出血热又称肾综合征出血热，是由流行性出血热病毒引起的自然疫源性疾病，流行广，病情危急，病死率高，危害极大。世界上人类病毒性出血热共有 13 种，根据该病肾脏有无损害，分为有肾损及无肾损两大类。

出血热临床表现错综复杂。典型病例具有三大特征：发热、出血和肾脏损害。病程依次分五期：发热期、低血压(休克)期、少尿期、多尿期和恢复期。重症患者则表现高热、中毒症状重，往往有前 2 期或 3 期重叠，来势迅猛，病情变化快，病死率较高。轻型病例或非典型患者临床症状和体征较轻，中毒症状轻，无低血压及明显的少尿期，可仅有发热期和多尿期，或仅有发热期，热退后症状消失，需经特异性血清学检查才能确诊。应当注意与特殊临床类型病例，如急腹症型、急性胃肠炎型、脑膜脑炎型、肺炎型、大出血型，及其他病毒性出血热的鉴别。

4. 流行性感冒

流行性感冒简称流感，主要是指人群中，由普通流感病毒引起的一种病毒性急性呼吸道传染病。流感传染性强，传染迅速，会导致每年的流行，并且历史上每隔几十年会造成流感大流行，在短时间内使很多人患病甚至死亡。人患流感后能产生持久免疫，一个人不会在短期内反复患流感。

感染流感病毒后，出现发热、头痛、肌痛、乏力、鼻炎、咽痛和咳嗽症状。其中突发高热是流感的一大典型症状，也是流感的首发症状。患者体温一般高达 39 ~ 40℃，而且高热往往要持续 3 ~ 4 天。流感能加重潜在的疾病（如心肺疾患），或者引起肺炎，老年人以及患有各种慢性病或者体质虚弱者，患流感后容易出现严重并发症，病死率较高。

5. 流行性腮腺炎

流行性腮腺炎简称流腮，是儿童和青少年常见的病毒性传染病。它是由腮腺炎病毒侵犯腮腺引起的急性呼吸传染病，并可侵犯各种腺组织或神经系统及肝、肾、心脏、关节等器官，病人是传染源，飞沫的吸入是主要传播途径，接触病人后 2 ~ 3 周发病。腮腺炎主要表现为一侧或两侧耳垂下肿大，肿大的腮腺常呈半球形，以耳垂为中心边缘不清，表面发热有角痛，张口或咀嚼时局部感到疼痛。

患者受感染后，大多无前驱症状，部分患者可有倦怠、畏寒、食欲不振、低热、头痛等症状，其后则出现一侧腮腺肿大或两侧腮腺同时肿大，2-3 日内达高峰，面部一侧或双侧因肿大而变形，局部疼痛、过敏，开口及咀嚼时疼痛明显，含食酸性食物胀痛加剧，常可波及邻近的颌下腺、舌下腺及颈部淋巴结。腮腺肿大可持续 5 日左右，以后逐日减退，全部病程约 7~12 日。

6. 狂犬病

狂犬病是由狂犬病毒侵犯神经系统引起的急性传染病。其病毒毒力强，潜伏期长，主要传染源为病犬、病猫等。人患后唾液中含有少量病毒，有可能成为传染源。狂犬病毒通过感染的动物咬伤、抓伤、舔伤从皮肤破损处进入人体，人群普遍易感染。

人型狂犬病临床表现可分为四期。潜伏期（平均约 1 ~ 3 个月），在潜伏期中感染者没有任何症状。前驱期：感染者开始出现全身不适、发烧、疲倦、不安、被咬部位疼痛、感觉异常等症状。兴奋期：患者各种症状达到顶峰，出现精神紧张、全身痉挛、幻觉、谵妄、怕光怕声怕水怕风等症状，因此狂犬病又被称为恐水症。患者常常因为咽喉部的痉挛而窒息身亡。昏迷期：如果患者能够度过兴奋期而侥幸活下来，就会进入昏迷期，本期患者深度昏迷，但狂犬病的各种症状均不再明显，大多数进入此期的患者最终衰竭而死。

7. 手足口病

手足口病是肠道病毒引起的常见传染病之一，在夏秋季比较常见，多发生于 5 岁以下的婴幼儿，可引起发热和手足、口腔等部位的丘疱疹、溃疡，个别患者可引起心肌炎、肺水肿、无菌性脑膜脑炎等致命性并发症。

主要表现为发热，手、足和臀等部位出现斑丘疹或疱疹，口腔可出现溃疡。病人一般症状较轻，大约 7 天可自愈，无需采取特殊治疗。只有极个别患者得病后可出现心肌炎、肺水肿、肺出血、无菌性脑膜脑炎等并发症，严重者出现死亡。但如能及早发现尽早治疗，一般都可痊愈。

二、社区传染病的防控

（一）社区组织防控

农村社区传染病的预防措施可分为疫情未发生时的一般性预防措施及疫情发生以后的防疫措施。

1. 一般性预防措施

在农村传染病未发生时的一般性预防措施，主要包括对可能存在病原体的外环境加强管理（如"三管一灭"等项工作）；抓好计划免疫，保护易感人群；通过重点人群定期健康检查（如对托幼机构、饮食、饮水、服务行业从业人员的定期体检），及时发现病原携带者；开展卫生宣教等。

图 4-1　传染病防控三管一灭图

在灾区由于卫生设施被破坏，环境卫生条件恶劣，生活物资供应困难，居民机体抵抗力下降等原因，各种传染病发生及流行的机会大大增加，更应加强一般性预防措施，归纳起来有以下几方面重点工作。

制定　　积极　　加强　　接种　　加强
预案　　宣教　　监督　　疫苗　　监测

图 4-2　灾区卫生预防措施图

2. 防疫措施

疫情发生以后，应针对构成传染病流行的"三环节"，根据疫情和灾情，因地制宜地制订突出主导性措施的综合性防制方案。

（1）传染病的报告。

传染病报告是我国传染病防治规定的重要制度之一，是早期发现传染病的重要措施，也是医疗卫生工作者的重要职责。

报告人：执行职务的医疗保健人员、卫生防疫人员是法定报告人，其他行业的职工、干部、居民等各类人员也都有报告的义务。

报告种类：《中华人民共和国传染病防治法》规定的报告病种分甲、乙、丙三类，共计35种。

报告时限：发现甲类传染病病人或疑似病人，在城镇应于6小时内，农村应于12小时内报至县级卫生防疫机构；发现乙类传染病病人或疑似病人，应在12小时以内报告；发现传染病爆发时，应以最快方式报告。

（2）对传染病人、病原携带者以及密切接触者的措施。

对传染病患者、疑似患者应作到"四早"，即"早发现、早诊断、早报告、早隔离治疗"。除患者外，病原携带者常常也是重要传染源，也应争取尽早发现并采取相应措施，使之无害化。因为各种传染病的携带者对于传播疾病的重要性不一样，处理措施也不完全相同，可参照本书各种传染病防治措施的相应部分。

对密切接触传染源，可能受到感染的人，应采取应急预防接种，药物预防，医学观察，隔离或留验等措施，以防止其发病而成为传染源。

（3）对动物传染源的措施。

如属有经济价值的动物（如家畜、家禽），应尽可能加以治疗。无经济价值的动物（如鼠类），则应杀灭，并处理好尸体。

3. 切断传染途径

对许多传染病来说，切断传播途径常常是起主导作用的预防措施，但因各种传染病传播途径不同，采取的措施也不一样，如对肠道传染病，重点在搞好粪便等污染物的处理及环境消毒；对于呼吸道传染病，重点是空气消毒、通风换气、个人防护（如戴口罩）等；对虫媒体染病，应以杀虫防虫为主；某些传染病（如血吸虫病），由于传播因素复杂，应采取综合性措施才能切断其传播途径。

4. 保护易感人群

保护易感人群的措施主要有预防接种，提高人群免疫力以及给予高危人群预防性服药两大类，具体做法详见各种传染病的防治部分。

（二）个人传染病防控

表4-1　个人传染病防控表

定时打开门窗自然通风	可有效降低室内空气中微生物的数量，改善室内空气质量，调节居室微小气候，是最简单、行之有效的室内空气消毒方法。学校也会有计划地实施紫外线灯照射及药物喷洒等空气消毒措施。
接种疫苗	常见的传染病现在一般都有疫苗，进行计划性人工自动免疫是预防各类传染病发生的主要环节，预防性疫苗是阻击传染病发生的最佳积极手段。
养成良好的卫生习惯	要保持学习、生活场所的卫生，不要堆放垃圾。饭前便后、以及外出归来一定要按规定程序洗手，打喷嚏、咳嗽和清洁鼻子应用卫生纸掩盖，用过的卫生纸不要随地乱扔，勤换、勤洗、勤晒衣服、被褥，不随地吐痰，个人卫生用品切勿混用。
加强锻炼，增强免疫力	春天人体新陈代谢开始旺盛起来，正是运动锻炼的好时机，应积极参加体育锻炼，多到郊外、户外呼吸新鲜空气，每天锻炼使身体气血畅通，筋骨舒展，体质增强。在锻炼的时候，必须注意气候变化，要避开晨雾风沙，要合理安排运动量，进行自我监护身体状况等，以免对身体造成不利影响。
衣、食细节要注意	春季气候多变，乍暖还寒，若骤减衣服，极易降低人体呼吸道免疫力，使得病原体极易侵入。必须根据天气变化，适时增减衣服，切不可一下子减得太多。合理安排好饮食，饮食上不宜太过辛辣，太过则助火气，也不宜过食油腻。要减少对呼吸道的刺激，如不吸烟、不喝酒，要多饮水，摄入足够的维生素，宜多食些富含优质蛋白、糖类及微量元素的食物，如瘦肉、禽蛋、大枣、蜂蜜和新鲜蔬菜、水果等。
切莫讳疾忌医	由于春季传染病初期多有类似感冒的症状，易被忽视，因此身体有不适应及时就医，特别是有发热症状，应尽早明确诊断，及时进行治疗。如有传染病的情况，应立刻采取隔离措施，以免范围扩大。

第二节　食物中毒

一、预防食物中毒的知识普及

1. 细菌性食物中毒

指人们摄入含有细菌或细菌毒素的食品而引起的食物中毒。在农村引起食物中毒的原因有很多。其中常见的原因就是食用被细菌污染的食物，其中食用肉类及熟肉制品居首位，其次是食用变质肉、病死畜肉以及剩饭等。日常生活中食物被细菌污染原因主要有以下几个：食用动物在宰杀前就已生病或中毒；刀具、砧板及其他用具不清洁，生熟交叉感染；环境卫生状况差，蚊蝇滋生；食品从业人员带菌污染食物。

2. 真菌毒素中毒

在农村，真菌多在谷物或其他食品中生长繁殖，同时产生有毒的代谢产物。人和动物食入这种有毒代谢产物发生的中毒被称为真菌性食物中毒。中毒时间的发生主要是通过食用被真菌污染的食品导致，用一般的家庭烹调方法加热处理不能完全破坏食品中的真菌毒素。对于真菌生长繁殖以及产生毒素需要特定的温度和湿度，所以中毒往往有比较明显的季节性以及地区性。

3. 动物性食物中毒

食用动物性食物引起的中毒即为动物性食物中毒。动物性中毒食品主要有两种：第一种是将含有有毒成分的天然动物或其某一部分当做食品，误食引起中毒反应；另一种是在一定条件下产生了足够大量的有毒成分的可食的动物性食品，例如食用鲐鱼等也可引起中毒。近年，我国发生的动物性食物中毒主要是河豚鱼中毒，其次是鱼胆中毒。

4. 植物性食物中毒

农村常见主要有 3 种。第一种是将天然含有有毒成分植物或其加工制品作为食品，如桐油、大麻油等引起的食物中毒。第二种在食品的加工过程中，将未能破坏或除去有毒成分的植物当作食品食用，如木薯、苦杏仁等。第三种在一定条件下，不当食用大量有毒成分的植物性食品，食用鲜黄花菜、发芽马铃薯、未腌制好的咸菜或未烧熟的扁豆等造成中毒。一般因误食有毒植物或有毒的植物种子，或烹调加工方法不当，没有把植物中的有毒物质去掉而引起。最常见的植物性食物中毒为菜豆中毒、毒蘑菇中毒、木薯中毒；可引起死亡的有毒蘑菇、马铃薯、曼陀罗、银杏、苦杏仁、桐油等。植物性中毒多数没有特效疗法，对一些能引起死亡的严重中毒，尽早排除毒物对中毒者的干预，非常重要。

5. 化学性食物中毒

农村常见的化学性食物中毒，主要包括误食被有毒的化学物质污染的食品；因添加非食品级的或伪造的或禁止使用的食品添加剂、营养强化剂的食品，以及超量使用食品添加剂而导致的食物中毒；因贮藏等原因，造成营养素发生化学变化的食品，如油脂酸败造成中毒。食入化学性中毒食品引起的食物中毒即为化学性食物中毒。化学性食物中毒发病特点是：发病与进食时间、食用量有关。一般进食后不久发病，常有群体性，病人有相同的临床表现。剩余食品、呕吐物、血和尿等样品中可测出有关化学毒物。在处理化学性食物中毒时应突出一个"快"字！及时处理不但对挽救病人生命十分重要，同时对控制事态发展，特别是群体中毒和尚不明化学毒物时更为重要。

二、食物中毒报告及现场处理

我国的《食品卫生法》第三十八条规定了我国食物中毒的报告制度，卫生部颁布了《食物中毒调查报告办法》。目前，我国的食物中毒报告制度已经日臻完善。

发生食物中毒的单位和接收病人进行治疗的单位是法定食物中毒的报告人。发生食物中毒的单位包括造成食物中毒的单位和中毒病人发生的单位，尤其是集体性的食物中毒病人往往集中在某一个单位，当集体食堂发生食物中毒时，肇事单位与中毒病人发生单位(受害单位)就是同一个单位。接收病人进行治疗的单位是指各级各类医疗卫生机构，包括保健站和各级医疗单位。受害者(中毒病人)及其知情人的举报，虽然不是法定的报告人，但也是报告的一个重要途径。往往在与肇事单位进行赔偿协商不成的情况下，再向卫生行政部门举报，中毒时间早已过去。

食物中毒报告人应当在了解到食物中毒或疑似食物中毒后立即向所在地的卫生行政部门报告，最常用的报告方式是电话，要求在4小时内报告。对100人以上集体性食物中毒或有死亡病例的重大食物中毒要求逐级上报，在48小时内报至卫生部。在卫生监督统计报表中有专门的食物中毒个案表，在进行计算机电子邮件报告的同时使用统一的报表是目前逐级报告中常用的方式。

食物中毒报告的内容应包括中毒单位、地址、中毒发生的时间、中毒人数、可疑中毒食品、主要的临床症状和病所在的医疗机构名称、地址等。要求报告的内容尽量详细，为开展调查提供线索。实际上及时的电话报告，原则上都是疑似的报告，不可能提供更多的情况。卫生行政部门在接到报告时应尽量多加询问，为赶赴现场进行调查处理的准备提供可参考的线索，如中毒病人与肇事的食品生产经营者不在同一管辖区或分布在几个管辖区，应及时报告共同的上级卫生行政部门，便于协调开展各辖区内的有关调查。

中毒事件发生死亡病例或者可疑投毒的，报告人应当立即报告同级公安部门。

食物中毒一般具有潜伏期短、时间集中、突然爆发、来势凶猛的特点。根据统计，食物中毒绝大多数发生在七、八、九三个月份。临床上表现为以上吐、下泻、腹痛为主的急性胃肠炎症状，严重者可因脱水、休克、循环衰竭而危及生命。因此一旦发生食物中毒，千万不能惊慌失措，应冷静地分析发病的原因，针对引起中毒的食物以及服用的时间长短，及时采取如下应急措施：

1. 催　吐

如果服用时间在 1~2 小时内，可使用催吐的方法。立即取食盐 20g 加开水 200ml 溶化，冷却后一次喝下，如果不吐，可多喝几次，迅速促进呕吐。亦可用鲜生姜 100g 捣碎取汁用 200ml 温水冲服。如果吃下去的是变质的荤食品，则可服用"十滴水"来促使迅速呕吐。有的患者还可用筷子、手指或鹅毛等刺激咽喉，引发呕吐。

2. 导　泻

如果病人服用食物时间较长，一般已超过 2~3 小时，而且精神较好，则可服用些泻药，促使中毒食物尽快排出体外。一般用大黄 30g 一次煎服，老年患者可选用元明粉 20g，用开水冲服，即可缓泻。对老年体质较好者，也可采用番泻叶 15g 一次煎服，或用开水冲服，也能达到导泻的目的。

3. 解　毒

如果是吃了变质的鱼、虾、蟹等引起的食物中毒，可取食醋 100ml 加水 200 ml，稀释后一次服下。此外，还可采用紫苏 30 g、生甘草 10 g 一次煎服。若是误食了变质的饮料或防腐剂，最好的急救方法是用鲜牛奶或其他含蛋白的饮料灌服。

如果经上述急救，症状未见好转，或中毒较重者，应尽快送医院治疗。在治疗过程中，要给病人以良好的护理，尽量使其安静，避免精神紧张，注意休息，防止受凉，同时补充足量的淡盐开水。

在农村控制食物中毒关键点在预防，搞好饮食卫生安全，严把"病从口入"关。

三、常见食物中毒及防治措施

（一）食物中毒常见食品

含有毒有害物质的食品，通常在外观上与正常食物没有明显区别，消费者凭感觉不易判断。

动物性食品：大部分食物中毒是由动物来源的食品引起，如肉、禽、蛋、乳等。

非动物性食品：虽然非动物来源的食品不如动物性食品引起食物中毒那么常见，但危险性并不比动物性食品低。粮谷类食品，如米饭、米糕，容易被蜡样芽胞杆菌和葡萄球菌污染，引起蜡样芽胞杆菌或葡萄菌肠毒素食物中毒。蔬菜、水果易被农药污染或被肠道病菌的污染。

毒蘑菇、霉变甘蔗、未加热透的豆浆和发芽的马铃薯等引起食物中毒也很常见。

（二）食物中毒防治措施

1. 把好原料关。千万不要选择不新鲜食物，更不能食用病死的或死因不明的家禽、家畜。

2. 把好贮存关。贮存成品，一定要放在干燥、通风、温度较低的地方，搁置时间不能太长。冰箱并非保险箱，贮存食物也不能过久。

3.把好烹调关。制作凉菜所选的原料必须非常新鲜、卫生，所用的刀及砧板必须彻底洗烫干净，现做现吃。

4.把好剩饭剩菜关。剩饭剩菜要重新加热煮透后，存放在冰箱内或凉爽处，食前还要加热煮透。

5.把好自制发酵酱类关。自制发酵酱类时，盐量要达到14%以上，并提高发酵温度，酱要经常日晒，充分搅拌，使氧气供应充足，抑制厌氧的细菌生长，以防该菌引起的食物中毒。

6.把好酵米面和银耳的质量关。不用霉变的玉米等制备酵米面；勿食用变质的银耳，发好的银耳要充分漂洗，摘除银耳的基底部。以防椰毒假单胞菌酵米面亚种食物中毒。

7.把好餐具关。搞好厨房卫生，用后要洗净擦干，存放在纱橱内或餐具柜里，用前最好再用开水洗烫一下。

8.把好饮食行业管理关。对从事饮食行业者必须进行严格的体检，不具备卫生条件设备者不得营业。无证摊贩更要坚决取缔。

第三节　生物灾害

一、普及生物伤害知识

（一）农作物病虫害

作物病害的识别及分类。

1. 非浸染性病害

非侵染性病害是由非生物因子引起的病害，如营养、水分、温度、光照和有毒物质等，阻碍植株的正常生长而出现不同病症。这些由环境条件不适而引起的病害不能相互传染，故又称为非传染性病害或生理性病害，是一种由于管理措施不当而给植物造成影响的病害。如缺氮引起的植物叶色浅绿，底部叶片逐渐黄枯；缺钾引起的老叶褐绿，沿叶缘有许多褐色小斑等。

2. 浸染性病害

由微生物侵染而引起的病害称为侵染性病害。由于侵染源的不同，又可分为真菌性病害、细菌性病害、病毒性病害、线虫性病害、寄生性种子植物病害等多种类型。植物侵染性病害的发生发展包括以下三个基本的环节：病原物与寄主接触后，对寄主进行侵染活动（初侵染病程）。由于初侵染的成功，病原物数量得到扩大，并在适当的条件下传播（气流传播、水传播、昆虫传播以及人为传播）开来，进行不断地再浸染，使病害不断扩展。由于寄主组织死亡或进入休眠，病原物随之进入越冬阶段，病害处于休眠状态。到次年开春时，病原物从其越冬场所经新一轮传播再对寄主植物进行新的侵染。这就是侵染性病害的一个侵染循环。

（二）森林病虫害

1. 森林昆虫与害虫

森林昆虫：生活在森林中与森林有直接或间接关系的昆虫。包括直接为害林木各种器官，影响树木生长发育和林产品产量的大多数植食性昆虫；各种森林昆虫的寄生性或捕食性天敌昆虫；直接或间接向人类提供重要经济产物的资源昆虫，也包括充当森林垃圾清理工的腐蚀性昆虫。

森林害虫：直接为害林木各种器官，影响树木生长发育和林产品产量的大多数植食性昆虫。针对人类的林业生产活动而言，它们可被称为"害虫"或"益虫"。但从宏观角度出发，它们都是森林生态系统的重要组成部分，在维持森林生态系统的平衡和物质循环以及维护森林生物多样性等方面起着重要作用。

2. 森林害虫防治原理及方法

（1）防治原理。

植保方针："预防为主，综合防治"。防是指预防，治是指除治。因为森林面积大，不可能拿出大量资金来进行森林害虫的除治；同时森林害虫是森林生态系统的组成成分之一，只有我们重视预防工作，使害虫数量保持在维持生态系统相对平衡的水平，虽有害虫也不致成灾；万一生态系统失去平衡，害虫泛滥，非采取除治措施不可，也只有将害虫数量压低到经济允许水平即可。

（2）防治方法。

林业（园林）害虫的具体防治方法：植物检疫；林业防治；物理防治；生物防治；化学防治。其中：植物检疫是预防性措施，林业防治是基础，生物防治是方向，化学防治是关键，物理防治是辅助性措施。

（3）主要森林害虫。

苗圃害虫：苗圃根部害虫是指生活在土中危害苗木根部的害虫，又称地下害虫。这类害虫栖息于土中，取食刚发芽的种子或苗木的幼根、嫩茎及幼芽。由于其危害，常造成缺苗断垄，对苗木的产量、质量影响很大。苗圃根部害虫主要有四大类：蛴螬类、蝼蛄类、地老虎类、金针虫类。

（三）蝗灾与鼠害

蝗灾，是指蝗虫引起的灾变。一旦发生蝗灾，大量的蝗虫会吞食禾田，使农产品完全遭到破坏，引发严重的经济损失以致因粮食短缺而发生饥荒。蝗虫极喜温暖干燥，蝗灾往往和严重旱灾相伴而生，有所谓"旱极而蝗""久旱必有蝗"。

鼠害指鼠类对农业生产造成的为害。鼠类属哺乳纲(Mam-malia)啮齿目(Rodentia)动物，共有1600多种。鼠类繁殖次数多，孕期短，产仔率高，性成熟快，数量能在短期内急剧增加。它们适应性很强，除南极大陆外，在世界各地的地面、地下、树上、水中都能生存，不论平原、高山、森林、草原以至沙漠地区都有其踪迹，常对农业生产酿成巨大灾害。

二、蝗虫与鼠害的预防及应对

1. 蝗灾防治方法

（1）环境保护。

蝗灾的发生，自然因素是主要的，但不可否认的是，有相当一部分人为因素。蝗虫必须在植被覆盖率低于50%的土地上产卵，如果一个地方山清水秀，没有裸露的土地，蝗虫就无法繁衍。现在有些地方的生态意识不强，有的单纯认为治理污染才是保护环境，而对于改善蝗虫适生区的植被、土壤和小气候等工作，由于短期内看不到效益，并不重视。所以，要从根本上防治蝗灾，应该十分注意生态环境的保护。

（2）药剂防治。

建议选用高效、低毒、低残留的对口农药，如5%锐劲特悬浮剂，每亩用20~30ml兑水50~60kg喷施。也可以在蝗蝻（蝗虫若虫）出土10日内，用敌百虫粉撒于小竹、杂草上，或用敌敌畏烟剂熏杀。施药后还要加强监测，在一周内迅速检查防治效果，对漏治和防效差的地段及时补施药一次。还可使用诱杀法：将稻草切成四五寸长，放入人尿50kg，加入50%可湿性敌百虫0.05~0.1kg配制的药液中，浸没8小时，于晴天早晨分散堆放于蝗虫多处。目前，最有效的灭杀蝗虫办法是用飞机喷洒农药，该法杀虫率高、灭杀范围广，但成本高，而且以化学防治为主的防治方式只能应一时之需，不能保证一直有效。

（3）天敌防治。

从长远看，要有效防治蝗灾，必须着眼于生态建设，要实行植物保护、生物保护、资源保护和环境保护四结合。特别是要确保生物的多样性，保护好蝗虫的天敌。据统计，我国目前有68种蝗虫的天敌，包括鸟类、两栖类、爬行类等，它们对控制蝗虫的数量具有重要作用。

2. 鼠害的防治

（1）生物防治。

主要是保护和利用天敌，也可利用对人畜无害而仅对鼠类有致命危险的微生物病原体。应该保护的鼠类天敌在哺乳类中有黄鼬（黄鼠狼）、艾虎（艾鼬）、香鼬（香鼠）、狐狸、兔狲、猞猁、野狸和家猫等，鸟类中有长耳鸮、短耳鸮、纵纹腹小鸮等猫头鹰类，爬行类动物中主要是各种蛇类等。

（2）化学防治。

主要是使有毒物质进入害鼠体内，破坏鼠体的正常生理机制而使其中毒死亡，效果快、使用简便、广泛用于大面积灭鼠时，能暂时降低鼠的密度和把危害控制在最小程度。缺点是一些剧毒农药能引起二次甚至三次中毒，导致鼠类天敌日益减少，生态平衡遭到破坏；在使用不当时还会污染环境，危及家畜、家禽和人的健康。常用药物中的肠道毒物有磷化锌、杀鼠灵、敌鼠钠盐等；熏蒸毒物有氯化苦、氰化氢、磷化氢等。大隆（溴联苯杀鼠醚）灭鼠剂在农田灭鼠中的效果尤佳。同一种灭鼠药毒饵不可以连续使用。因为老鼠采食毒饵中毒死亡后，尸体中尚有残留毒饵的化学成分。毒饵化学成分即使痕量，它的基本物理性质不变。其他老鼠发现死鼠时仍就可以嗅到除老鼠正常气味外毒饵化学成分的特殊气味。老鼠智商比人差不了许多，是非常聪明的哺乳动物，它的嗅觉非常敏锐，具有很强的气味辨别能力与记忆力。老鼠能够判断出同伴的死亡与化学成分的特殊气味有直接关系，并牢记，所以它不会采食嗅出死鼠体内有特殊气味的食物，它还会阻止同伴采食。即便饵料改变了，老鼠还是不会吃的。

（3）物理防治。

主要利用器械灭鼠。多用于仓库、畜舍、野外动物调查等方面，常用的器械有鼠铗、鼠笼、绳套、压板、水淹、刺杀等。电流击鼠效果较慢，常用作辅助工具。

（4）生态防治。

主要是破坏和改变鼠类的适宜生活条件和环境，使之不利于鼠类的栖息和繁殖，并增加其死亡率。常用的田间措施有合理规划耕地、精耕细作、快速收获、减少田埂和铲除杂草、冬灌和定期翻动草垛等。室内措施包括设置防鼠设施以保管食品，断绝鼠粮，经常打扫和变动一些物品的位置，发现鼠窝立即捣毁和堵塞等。

此外，不孕剂和动物外激素以及超声波驱鼠等灭鼠方法也已开始试用。我国还用鼠类外激素如尿液等作为性引诱剂，与毒饵或其他捕鼠工具相配合进行灭鼠。

第四节　农村其他安全事件

一、溺水预防方法、安全教育

游泳最容易遇到的意外有抽筋、陷入漩涡、被水草缠住等。万一发生了这些情况，应当采取下列自救方法：

1. 遇到意外要沉着镇静，不要惊慌，应当一面呼唤他人相助，一面设法自救。

2. 游泳发生抽筋时，如果离岸很近，应立即出水，到岸上进行按摩；如果离岸较远，可以采取仰游姿势，仰浮在水面上尽量对抽筋的肢体进行牵引、按摩，以求缓解；如果自行救治不见效，就应尽量利用未抽筋的肢体划水靠岸。

3. 游泳遇到水草，应以仰泳的姿势从原路游回。万一被水草缠住，不要乱蹦乱蹬，应仰浮在水面上，一手划水，一手解开水草，然后仰泳从原路游回。

4. 游泳时陷入漩涡，可以吸气后潜入水下，并用力向外游，待游出漩涡中心再浮出水面。

5. 游泳时如果出现体力不支、过度疲劳的情况，应停止游动，仰浮在水面上恢复体力，待体力恢复后及时返回岸上。

6. 在亲近溪流之前一定要预先得到家人的同意，同时要结伴以便互相照顾。

在农村溺水是常见事故，因此制定比较详细的应急预案、宣传手册都是很重要的。

二、农药中毒

（一）农药中毒的紧急处理

农药中毒是指农药进入人体后其浓度超过最大耐受浓度，从而导致人的正常生理功能受到影响，使生理失调病理改变等。农药中毒的主要症状：呼吸障碍、休克、心博骤停、昏迷、痉挛、烦躁不安、激动、脑水肿、肺水肿、疼痛等。

（二）应急要点

1. 尽快让中毒者离开现场，根据中毒者情况采取相应的措施，对中毒严重者采取急救措施后带上农药包装物或标签尽快就近送医院治疗。

2. 如果中毒者呼吸停止，应及时进行人工呼吸，直到中毒者能自主呼吸为止。对农药熏蒸剂中毒者只能给氧，禁止人工呼吸。

3. 农药沾染皮肤的，应脱去被农药污染的衣服，用清水及肥皂（不要用热水）充分洗涤被污染的部位。洗涤后用洁净的布或毛巾擦干，穿上干净衣服并注意保暖。受敌百虫污染的，不能用肥皂，以免敌百虫遇碱后转化为毒性更高的敌敌畏。

4. 眼睛被溅入药液或撒进药粉的，应立即用大量清水冲洗。冲洗时把眼睑撑开，一般要冲洗 15 分钟以上。清洗后，用干净的布或毛巾遮住眼睛休息。

5. 吸入农药，身体感到不适时，应立即到空气新鲜、通风良好的安全场所，脱去被农药污染的衣物等，解开上衣钮扣和松开腰带，使呼吸畅通。用干净水漱口和肥皂水洗手、洗脸，注意身体保暖。

6. 吞服农药引起中毒的，吞服量较大时，一般应立即催吐或洗胃，而不要先用药物治疗。如吞服农药量度少或难于催吐，一般采用无机盐类泻药。

三、踩踏事故

 案例链接

近年踩踏事故一览

2008 年 4 月 23 日，重庆市涪陵区百胜镇中心小学，在教学楼第一楼的楼梯间内，数名学生因为拥挤倒在人群中，6 名小学生在事故中受伤。

2007 年 8 月 28 日，云南曲靖市马龙县一所小学发生踩踏事件，导致 17 名小学生不同程度受伤，2 名学生伤势严重。

2006 年 11 月 18 日，江西都昌县土塘中学因学生系鞋带，引发一起学生拥挤踩踏伤亡事件。造成 6 人死亡，39 名学生受伤。

2005 年 10 月 25 日四川某小学停电，因为一名学生说"见到鬼了"，上晚自习的学生在楼梯间互相挤压、踩踏，导致 8 人死亡、27 人受伤的惨剧。

2010 年 11 月 29 日，新疆阿克苏第五小学发生踩踏事故，上百名学生受伤被送往医院。41 名住院学生中有 1 人因脏器严重受损病危，有 6 人重伤，另有 34 人为轻伤。

能力拓展

想一想

1. 哪些场所易发生踩踏事故呢？

2. 遇到拥挤人群，出现混乱局面时我们又该怎样冷静处理？

（一）拥挤踩踏事故发生的特点

1. 易发生事故时间：多在集市、庙会、节庆集会时，人群集中涌向同一地点，且心情急切。

2. 易发生事故地点：多发生在楼层之间的楼梯转角处，通道由宽转窄处，桥梁、大型场地入口等地方。

3. 易发生事故的学生群体：主要集中发生在老人、妇女和儿童。他们自我控制和自我保护能力较差，遇事容易慌乱，使场面失控，造成伤亡。

4.易发生事故的设施设备因素：一是通道狭窄，楼梯，特别是楼梯拐角处狭窄；二是建筑不符合标准，不易疏散；三是照明不足，晚上突然停电或楼道灯光昏暗，没有及时更换损坏的照明设备，也容易造成恐慌和拥挤。

5.易发生事故的管理因素：一是无人组织和维持秩序；二是个别学生搞恶作剧，在混乱情况下狂呼乱叫，推搡拥挤，致使惨剧发生；三是没有进行事故防范教育和训练，无应急措施。

（二）易发踩踏场所

在那些空间有限，人群又相对集中的场所，例如球场、商场、狭窄的街道、室内通道或楼梯、影院、酒吧、夜总会、超载的车辆、航行的船舱等都隐藏着危险。

在拥挤行进的人群中，如果前面有人摔倒，而后面不知情的人若继续前行的话，那么人群中极易出现像"多米诺骨牌"一样连锁倒地的拥挤踩踏现象。人群的情绪如果因为某种原因而变得过于激动，置身其中的人就可能受到伤害。

（三）遭遇人群拥挤处理

1.发觉拥挤的人群向着自己行走的方向拥来时，应该马上避到一旁，但是不要奔跑，以免摔倒。

2.如果路边有商店、咖啡馆等可以暂时躲避的地方，可以暂避一时。切记不要逆着人流前进，那样非常容易被推倒在地。

3.若身不由己陷入人群之中，一定要先稳住双脚。切记远离店铺的玻璃窗，以免因玻璃破碎而被扎伤。

4.遭遇拥挤的人流时，一定不要采用体位前倾或者低重心的姿势，即便鞋子被踩掉，也不要贸然弯腰提鞋或系鞋带。

5.如有可能，抓住一样坚固牢靠的东西，例如路灯柱之类，待人群过去后，迅速而镇静地离开现场。

（四）混乱局面出现管理

1.在拥挤的人群中，要时刻保持警惕，当发现有人情绪不对，或人群开始骚动时，就要做好准备保护自己和他人。

2.此时脚下要敏感些，千万不能被绊倒，避免自己成为拥挤踩踏事件的诱发因素。

3.当发现自己前面有人突然摔倒了，马上要停下脚步，同时大声呼救，告知后面的人不要向前靠近。

4.当带着孩子遭遇拥挤的人群时，最好把孩子抱起来，避免其在混乱中被踩伤。

5.若被推倒，要设法靠近墙壁。面向墙壁，身体蜷成球状，双手在颈后紧扣，以保护身体最脆弱的部位。

四、烟花爆竹燃放注意事项

（一）选 购

1.选择供应商：消费者应到有销售许可证的专营公司或店去购买。

2.选择产品类别：烟花爆竹产品有十几类几千个品种，消费者应根据年龄，掌握烟花爆竹知识程度、燃放程序、消费的场地，合理选购烟花爆竹产品。消费者一般选购药量相对较少的B、C、D级产品，对于A级产品需要有证燃放。

3.选购产品外观：应整洁、无霉变、完整未变形，无漏药、浮药的产品。

4.选购产品标志：应完整、清晰，即有正规的厂名、厂址，有警示语，中文燃放说明清楚，如是否有警示语、燃放方法(如何选择地点、时间、操作方法等)、燃放过程中注意事项等。

5.选购的烟花爆竹产品引火线(除摩擦类和部分线香类外)应无霉变、无损坏、无藕节的安全引线(结鞭爆竹产品为纸引，但要注意有一定的带引，以防伤及手和眼睛等)，安全引线是一种能控制燃烧速度(燃烧速度稍慢)的外部裹有一层防水清漆的，颜色一般为绿色的引火线。

6.选购结鞭爆竹产品一是注意引火线的长度，二是结鞭牢实度、不松垮等。选购单个爆竹，俗称雷鸣，应选购黑药炮，引线为安全引线，绝对不要选购白药的俗称氯酸盐炮或高氯酸盐炮。

7.选购吐珠类产品应选购筒体较粗、硬，引火线较好的产品。选购升空类产品应选购安装牢固，导向杆完整，粗细均匀，平直的产品。选购小礼花类产品，组合烟花类产品因其效果变化多，更具有欣赏性和刺激性，深受消费者喜爱。此类产品发展快，品种越来越多，结构也复杂，药量也越来越大，危险性也相继存在，消费者应选购结构牢实不松散、筒体结实、较硬不软，厚而不薄，引火线必须是安全引线等，不应选购组合盆花很大，高而细，单发药量较大的产品。

（二）燃 放

1.燃放烟花爆竹要遵守当地政府有关的安全规定。

2.正确选择烟花爆竹的燃放地点，严禁在繁华街道、剧院等公共场所和山林、有电的设施下以及靠近易燃易炸物品的地方进行燃放。

3.烟花的燃放不可倒置。吐珠类烟花的燃放最好能用物体或器械固定在地面上进行，若确需手持燃放时，只能用手指掐住筒体尾端，底部不要朝掌心，点火后，将手臂伸直，烟花火口朝上，尾部朝地，对空发射。禁止在楼群和阳台上燃放。

4.喷花类、小礼花类、组合类烟花燃放时，平放地面固牢，燃放中不得出现倒筒现象，点燃引线人即离开。

5.燃放旋转升空及地面旋转烟花，必须注意周围环境，放置平整地面，点燃引线后，离开观赏，燃放手持或线吊类旋转烟花时，手提线头或用小竹竿吊住棉线，点燃后向前伸，身体勿近烟花。燃放钉挂旋转类烟花时，一定要将烟花钉牢在壁或木板上，用手转动烟花，能旋转得好，才能点燃引线离开观赏。

6.手持烟花不应朝地面方向燃放。

7.爆竹应在屋外空处吊挂燃放，点燃后切忌将爆竹放在手中，双响炮应直竖地面，不得横放。

8.意识不正常或喝酒后，请不要燃放烟花爆竹产品。未成年人慎用烟花爆竹产品。

9.万一出现异常情况，如熄火现象，千万不要再点火，更不许伸头、用眼睛靠近观看，也不要马上靠拢产品，停止燃放其他产品，等明确原因，再行处理，一般为15分钟后再去处理。

能力拓展

想一想

1.如何控制农村烟花爆竹的燃放？

2.搜集本地区近年来的烟花伤害事件信息，汇总成表进行隐患分析。

3.尝试制作烟花爆竹危险宣传表。

五、地窖缺氧伤害事故

地窖窒息常可致人于急死，常发生于北方农村。为预防地窖缺氧或二氧化碳、硫化氢中毒，对下窖应提高警惕，学会预防缺氧、中毒的知识，并要注意定时打开窖盖通风，定时检查窖内蔬菜、瓜果有无腐烂变质现象，还要准备抢救措施。

在地窖中，因缺氧、中毒导致发生的主要症状与体征：下窖后立即感到头晕、气喘、心慌，继而头痛、恶心、呕吐、眼花和视物不清。呼吸急促，口唇与指甲发紫，继而全身呈现青紫，呼吸困难，烦躁不安，很快陷入昏迷不醒状态。脉快而细、血压下降、出冷汗与抽搐，最后呼吸、心跳停止（因缺氧和二氧化碳与硫化氢中毒窒息，导致急性呼吸衰竭而死）。

救治措施：

1.凡入窖后发病者，不论轻重均应首先通风换气。最简便的方法是将一把半张开的雨伞，倒投入窖内，伞把上系绳，然后，上下不停地拽动，使伞一张一合，以促使窖内空气对流。或者用带叶子的树枝、衣服、帽子、被单等来回摆动，使空气流通。如有风箱、电风扇或鼓风机等设备，可用以向窖内或井内灌风。这些均会有良好的救治效果。

2.用以上办法通风后，抢救者下窖前可先试测窖（或井）内氧含量是否提高。办法是用绳将蜡烛或油灯系入窖（井）内，如烛或灯盛燃，说明氧含量已正常。这时抢救人员可迅速下去，首先把患者拖、吊出窖（井）外，然后予以就地抢救。如窖（井）下含氧量仍太低，可设法戴防毒面具或打开氧气瓶放氧（绝对禁火）后，再下人抢救患者出窖（井）。

凡下窖抢救者，必须先在其腰（腋）带上系上绳索，再由上边的人拽住，如一旦发现抢救者有呼吸困难或晕厥表现时，要将他迅速拉出窖外，否则易有致命危险。

3.凡被救上的人，应立即解开其领扣、腰带和宽松其衣裤，并把他置于空气流通处。如患者已停止呼吸，则应迅速进行人工呼吸；如心脏已停跳（或摸不到脉搏），应立即进行口对口人工呼吸和心脏胸外按摩，同时可使用呼吸兴奋剂，如尼可刹米、洛贝林等肌肉注射。如医生在场，可由医生使用心脏兴奋剂，如肾上腺素、异丙肾上腺素等予以救治。

4.凡遇患者昏迷不醒时，有条件者可迅速使之吸氧，或者抢救者用力口对口吹气。同时用针刺其人中、百会或手掐其内关、外关等穴，以促其苏醒。